在山东沂蒙山区农家访问（右起第一人是厉以宁）

北京大学光华管理学院、天津开发区（泰达）帮助贵州毕节地区进行干部培训的项目签字仪式

厉以宁夫妇 摄于河北省涉县129师司令部旧址

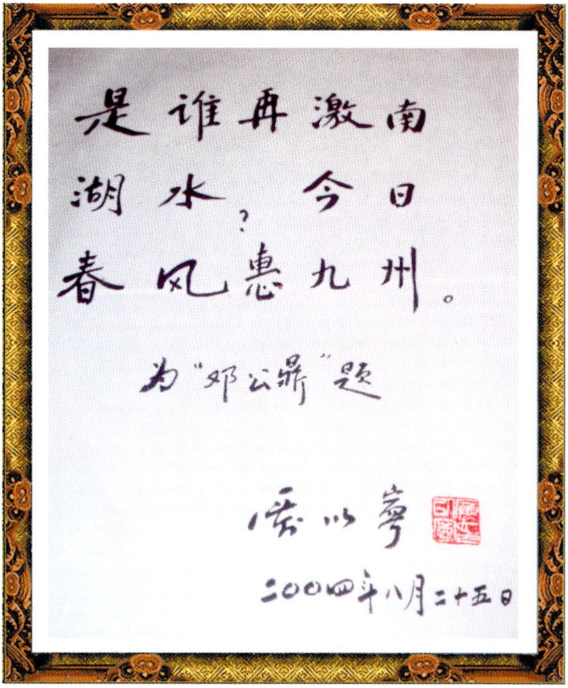

厉以宁为「邓公鼎」题词（「邓公鼎」是为纪念邓小平同志诞辰100周年所铸的铜鼎）

前　言

收集在这本书里的，是我近几年写的文章（包括为别人的著作撰写的序言）和经过录音或研究生笔记整理而成的讲话稿。可以认为，这些文章和讲话稿是我近几年学术活动的真实记录。

我曾多次对研究生们说过，现实经济问题和经济政策的研究不同于一般的理论经济学研究。这主要因为涉及面较广和对实践检验的要求较高，在研究现实经济问题时，如果想抓住核心问题，就必须深入实际并有深厚的理论修养、宽广的知识面和广泛的信息渠道，而且还要借鉴国内外的历史经验，这样才能得出符合实际的结论，才能找到有效地解决问题的途径。这些当然是相当困难的，但我一直在朝这个方向努力。

然而我也清楚地认识到，经济学的验证往往是滞后的。我在书中所提出的一些看法和建议，究竟是不是正确，要等待实践的检验才能下结论，而在实践检验并做出回答之前，只有耐心地等待，不用着急，也不必跟持有不同意见的学者争辩不休。如果将来的实践证明我错了，我自会修正。这就是我对某些有争论的观点的基本态度。

2004 年 8 月，我到甘肃、陕西省的七个市进行考察，在甘肃平凉市游览了道教圣地崆峒山。在山上，平凉市旅游部门请我题词，我即兴撰写了一副对联：

雄秀仙山，万物竞生，无序原来有序

升平世界，安居乐业，有为出自无为

上联说的是：世上一切，无不遵循客观规律，看似“无序”，原来全都“井然有序”；下联说的是：人间万事，只要适应客观规律，政简路宽，“无为”必定导致“有为”。读者们读完了这本经济评论集，再思考一下这副对联，我想一定会有更深的体会。

目 录

在国外讲学时,经常听到某些学者在议论，说中国现在正在进行的国有资产重组就是私有化。我对他们讲：你们太不了解中国的情况了。中国并非实行私有化，中国正在进行新公有化。

论新公有制企业

一、新公有制企业的四种形式

现阶段，在企业改制和发展过程中，理论界有必要加强对社会主义公有制及其新形式的研究，因为这个问题关系到我国下一阶段经济体制改革的进展和所有制结构的调整，关系到我国社会发展的前景。

首先要研究的是，社会主义公有制企业的新形式究竟新在何处？它们同社会主义计划经济体制下企业的传统公有制的主要区别何在？由于多年来人们受到计划经济体制下传统观念的束缚，往往不承认新公有制的存在，甚至认为新公有制无非是私有化的变种。这种看法亟待转变。

毫无疑问，政企合一的国家所有制是企业传统公有制的主要形式。其实，在这种国家所有制之下，投资主体是不明确的，产权也是不清晰的。没有具体的投资者对国有资产负责。至于计划经济体制下的集体所有制单位，包括人民公社、供销社、信用社以及所谓的大集体企业等，名义上财产归全体成员集体所有，实际上这个集体由哪些成员构成，哪些成员对归属于自己名下的财产拥有处置权、转让权等都是不明确的，也无法使之明确。因此，人们不能不提出：为什么在计划经济体制下几乎只存在政企合一的国家所有制，而不存在名副其实的集体所有制？主要原因在于：一方面，按照当时领导人的设想，国家所有制优于集体所有制，集体所有制只是一种过渡形式，若干年之后将转变为全民所有，所以不宜把“集体”落实到一个个具体成员身上；另一方面，所有制中最核心的是所有者能处分、转让自己的财产，而在计划经济体制下，根本实现不了这一点，所以这种集体所有制只是徒有“集体”之名而已。

从计划经济体制转入市场经济体制后，随着集体财产的股份化、证券化，这才有了真正的集体所有制，但人们已经不把它称做集体所有制，而称之为公众持股的股份制、股份合作制、合作制。公众持股是一个关键问题。

从计划经济体制转入市场经济体制后，传统公有制企业应当转变为同市场经济相适应的新公有制企业。这个问题不解决，对于“以公有制为主体”就难以理解。

在社会主义市场经济条件下，完全国家所有的企业今后仍然存在，但主要存在于少数特殊行业中。即使如此，企业的形式也会改变，最重要的变化就是：政府是政府，企业是企业，政企分开了；在经营形式上，采取国家独资股份公司形式，或几个国家投资机构持股的股份公司形式。因此，新公有制企业的第一种形式就是经过改制的新的国家所有制。

社会主义市场经济中，今后大量存在的是公众持股的股份制企业。其中，可能有国家参股，也可能没有国家的投资，而是纯粹由公众参股建立的。如果是由国家控制或国家参股的股份制企业，那么可以称为新公有制企业的第二种形式。现在通常把这一类企业称为混合所有制企业。

大量存在的没有国家投资的公众持股企业，是新公有制企业的第三种形式。在这种新公有制形式之下，还包括了像工会、商会这样的社会团体，或像街道、居民区这样的社区，用公众集资的钱所举办的企业。再如，合作制是一种投资方式，它以一人一票制为原则而不像股份制那样的一股一票为原则，如果以这种投资方式集资办起了企业或经营单位而形成公众的财产，也是公共持股的企业，不管这些企业或经营单位的名称上是否冠以“合作”二字。

公众持股可以分为公众直接持股和公众间接持股两类。公众直接持股是指：个人直接投资于股份制企业，持有股份。公众间接持股是指：公众投资于各种公共投资基金或加入社会保障基金，而由公共投资基金和社会保障基金再投资于股份制企业。

可以采用董辅礽教授的说法，把公众持股的企业称为公众所有制企业。① 这种企业之所以称为公有制企业，是因为公众持股不仅具有集体所有的性质，而且是真正意义上的集体所有、新的集体所有，因为过去的集体所有徒有虚名。换一种说法，也可以把新的集体所有制称做共有制。

在这里，需要指出的是：公众持股的企业是不是真正成为公众所有，还取决于公众持股的股份公司是不是建立了完善的法人治理结构。只要公众持股的企业建立了完善的股东会、董事会、监事会，董事会能反映股东们的意愿和维护股东们的利益，监事会起着监督董事会和总经理的作用，那么这种形式的公众持股企业就属于公众所有制企业。已经由公众持股但公司的法人治理结构还不完善的企业，必须朝完善公司的法人治理结构的方向努力，这才符合要求。

在社会主义市场经济条件下，新公有制企业中，除了新的国

---

① 董辅礽：《消灭私有制还是扬弃私有制?》，载《经济导刊》2002 年第 1 期。

家所有制企业、混合所有制企业和公众所有制企业这三种形式以外，还有第四种形式，即公益性基金所有制企业。这种公益性基金的资金来源既不是各级政府，也不是一般的投资人，而是来自私人的捐赠。比如说，某某人或某些人生前捐赠或死后其家属根据遗嘱捐赠出一笔资金作为公益性的基金，除了用来办学校、医院、图书馆、博物馆、体育馆、孤儿院、老人院或其他公益事业而外，也可能用来办企业，如用来建立吸纳残疾人就业的企业，或对家乡建设投资而举办企业等。由此形成的财产，不是政府投资形成的，也不吸收国家的投资，所以不属于国家所有制和混合所有制。由于它们不是一般的投资人集资、参股而形成的，不存在公众持股的状况，不归众多投资者选出的代表管理，所以不属于公众所有制。这笔公益性基金是某某人或某些人捐赠出来的，一旦被捐赠出来成为“公益性基金”并形成财产之后，就具有公有的性质，不再属于任何私人了。既然它不是国家所有制、混合所有制和公众所有制，当然属于新公有制的另一种形式。

在我国，公益性基金所有制企业作为社会主义新公有制企业的第四种形式，尽管目前为数很少，但从发展趋势来看，将来肯定会增多，即今后会有越来越多的公益性基金所有制形式的公有财产以及由此建立的公有制企业。

二、民营经济和新公有制的关系

民营经济是一个模糊的概念，各种不同所有制的企业都包括在内。根据现有的资料，可以看到民营经济中至少包括了以下六类企业：

1. 个体工商户；

2. 个人、家庭或家族所有的企业；

3. 个人、家庭或家族所有制的企业通过改制而形成的股份制企业；

4. 通过国有资产重组而形成的，既有国家投资，又有个人、家庭或家族投资的企业；

5. 合伙制企业；

6. 由公众集资而建立的企业。

理论界在讨论民营经济时，有人主张不用民营经济或民营企业这个概念，而要“正名”为私营经济或私营企业。这是不妥的。这是因为：如果把民营经济或民营企业改称私营经济或私营企业，上述第一类（个体工商户）、第四类（通过国有资产重组而形成的，既有国家投资，又有个人、家庭或家族投资的混合所有制企业）怎能包括进去？

也有人主张一律称为非公有经济或非公有企业。这同样不妥。如果那样改，上述第四类企业（通过国家资产重组而形成的，既有国家投资，又有个人、家庭或家族投资的混合所有制企业）显然不能包括在内。此外，上述第六类企业（由公众集资而建立的企业）也不能定性为非公有企业。

所以我的看法是，目前可以保留民营经济或民营企业的概念，不要急于改动。对于民营经济和民营企业，要从动态的角度来观察，从发展的角度来观察。

个人、家庭或家族所有的企业（即上述第二类企业），在规模扩大以后，面临着改制的必要。封闭式的产权是阻碍企业进一步发展的。这些企业，如果希望继续发展，迟早会走上产权开放的道路，即走向股份制，吸收外界的投资者参股，包括改制为上市公司，从而成为公众持股的企业。

合伙制企业（即上述第五类企业）规模扩大以后，同样有改制的必要，即从无限责任制的合伙企业改制为有限责任的股份制企业，从而也成为公众持股的企业。或者，它们会从无限责任制的合伙企业改为一部分股东负无限责任和一部分股东负有限责任的两合公司，这同样是一种公众持股的企业形式。

根据前面已经分析过的，公众持股的企业在社会主义市场经济条件下是一种新的公有制企业，即公众所有制企业。

这表明：民营经济本身正处于不断演变、不断发展之中。从动态的、发展的角度来观察，社会主义市场经济条件下的民营企业，只要规模扩大了，向公众持股的企业形式的演变将是不可阻挡的趋势。

严格地说，真正属于私有经济的，只是那些还不准备进行股份制改革，仍然保留个人、家庭或家族所有的企业和合伙制企业。真正属于非公有经济的，除了还不准备进行股份制改革、个人、家庭或家族所有的企业和合伙制企业而外，还包括个体工商户。但这些企业和个体工商户，通常都是规模小和资金有限的。一旦规模大了，迟早会改为股份制企业，否则不仅难以继续发展，甚至不易在市场竞争的环境中生存下去。

既然从动态上看，改为股份制和演变为公众所有制是一种趋势，那就不宜把民营经济一概称为私营经济或非公有经济。民营经济这个概念，尽管有些模糊，但模糊有模糊的好处，太精确反而不准确。

现在让我们再回到前面讨论过的第四种形式的新公有制——公益性基金所有制——上来。

投资于民营企业的个人、家庭或家族，或者民营企业本身，为了公益事业，是有可能捐赠一笔财富成立公益性基金的。创业，积累财富，捐赠一部分财富发展公益事业，继续创业和积累财富……这是社会进步的趋势。第四种形式的新公有制的形成和发展，同社会进步的这一趋势相适应。这也从另一个角度说明了民营经济同新公有制之间的关系。也就是说，新公有制企业的四种形式中，除了第一种形式（完全由国家投资的企业）以外，其余三种形式（通过国有资产重组而形成的混合所有制企业，公众持股的公众所有制企业，由个人捐赠而形成的公益性基金所建立的企业），全都和民营经济的发展有关。

三、新公有化

1986年4月25日，在北京大学"五四"科学讨论会上，我做了一场题为《经济改革的基本思路》的报告，一开始我就说："经济改革的失败可能是由于价格改革的失败，但经济改革的成功并不取决于价格改革，而取决于所有制的改革。"①

在1987年1月出版的《经济体制改革的探索》一书中，我对所有制改革作了更为明确的表述："公有制的完善是经济体制改革的关键。公有制的完善是指突破传统的全民所有制形式，把传统公有制改为新型公有制。"② 我还强调说："经济学界有自己的社会责任，要为履行自己的社会责任而贡献力量。因此，经济学界要广泛宣传公有制改善的意义，转变人们对公有制的模糊看法，使人们逐步建立新型公有制的观念。这是无可推卸的义务。"③

这些年来，我一直坚持上述观点，因为我相信中国的经济改革必然走向新公有制的建立。

在国外讲学时，经常听到某些学者在议论，说中国现在正在进行的国有资产重组就是私有化。我对他们讲：你们太不了解中国的情况了。要知道，在中国，在由计划经济体制转轨到市场经济体制的过程中，国有资产重组是必不可少的一个环节，它的含义是把传统的公有制改造为新公有制。

---

① 厉以宁：《中国经济改革的思路》，中国展望出版社1989年版，第3页。

②③ 厉以宁：《经济体制改革的探索》，人民日报出版社1987年版，第6页，第166页。

我说，中国的国有企业通过资产重组，大体上有以下五种结果：

1. 国有企业经过改制，成为政企分开的国有独资公司；

2. 国有企业经过改制并出让一部分股权给民营企业或外资企业，成为混合所有制企业；

3. 国有企业经过改制，成为上市公司，吸收民间资本加入，这仍然是混合所有制企业；

4. 国有企业转让给职工，成为职工持股的公众所有制企业；

5. 国有企业转让给已改制为公众持股的股份公司的民营企业。

可见，这五种结果中的任何一种，都意味着新公有制的建立。

最后，我对那些国外学者说：中国并非实行私有化，中国正在进行新公有化。这就是结论。

2003 年 9 月在第一届北京大学光华民营经济论坛上的报告

进一步开展公有制形式的探讨

关于社会主义公有制及其实现形式，是当前经济理论研究的前沿问题之一。董辅礽教授发表于《经济导刊》2002 年第二期的《消灭私有制还是扬弃私有制?》一文，给人们很大启发。我感到，董辅礽教授在文章中提到的一些问题，有进一步展开讨论的必要。

多年来我一直在思考所有制的问题。我想，至少有以下四方面的问题值得经济理论研究者们探讨。

第一，社会主义公有制的新形式是指哪些形式？它们究竟“新”在何处？它们同社会主义计划经济体制的传统公有制的主要区别是什么？在市场经济条件下，社会主义公有制的新形式是怎样形成的？

董辅礽教授在文章中写道：“我曾将公有制区分为两种形式：共同所有制和公众所有制。共同所有制是指在一定的范围内（国家、社会、企业等）财产归全体成员所共有，但这些成员又不是共有财产的某个特定部分的所有者，国家所有制、人民公社所有制就是这样的共同所有制。公众所有制是在一定的范围内（社区、团体、企业）财产归全体成员所共有，但这些成员又是共有财产的特定部分的所有者。合作社所有制、股份公司所有制等就是公众所有制”。把公有制区分为共同所有制和公众所有制，是很有见地的。现在需要探讨的是：为什么在社会主义计划经济体制下，几乎只存在“共同所有制”，而很难存在公众所有制？比如说，当初农民自愿组成了生产合作社，这时可以称得上“公众所有制”，但不久就转变为人民公社所有制，成为“共同所有制”了。计划经济体制下的“集体所有制”，实际上徒有“集体”之名，同董辅礽教授笔下的“公众所有制”无关。

在从计划经济体制转入市场经济体制时，名副其实的“公众所有制”才出现。这表明，“公众所有制”的出现同财产的股份化、进而财产的证券化紧密地结合在一起。“共同所有制”在市场经济体制下，如董辅礽教授所说，“……有其特有的功能，还会存在，但其适宜存在和发展的范围是有限的，而随着生产社会化的发展，以及由此而引起的财产社会化、公众化的发展，公众所有制则越来越发展，其形式也越来越多样化。”接着需要研究的是，“共同所有制”今后即使在有限的范围内存在，难道形式不会改变吗？同样是国家所有制，前资本主义社会有自己的形式，资本主义社会有自己的形式，社会主义计划经济体制下有自己的形式，难道社会主义市场经济体制下不会有自己的形式吗？“共同所有制”在市场经济体制下的新形式，不也是公有制新形式的一种吗？那么，究竟什么样的国家所有制是同市场经济体制相适应的新形式呢？它与传统的“共同所有制”的区别何在？这些无疑需要探讨。

我国名副其实的“公众所有制”是在社会主义市场经济体制下出现的，它将会有哪些新形式？董辅礽教授的文章中提到的有"公众持股的股份公司、各种证券投资基金、各种社会保障基金等等"，这些都是有道理的。除此之外，还会有哪些新形式？我们至今还难以列举出来。比如说，证券投资基金以外的其他投资基金（创业投资基金、产业投资基金等），只要是按照投资基金的原则设立的并为投资人拥有的，是不是也应列入？又如，像工会、商会这样的社会团体，或像街道、居民区这样的社区，如果用公众集资的钱举办上述企业或事业而形成了公众的财产，是不是也应列入？再如，合作只是一种投资方式，它以一人一票制为原则而不像股份制那样以一股一票为原则，如果以这种投资方式集资办起了企业或事业单位而形成公众的财产，看来是可以列入的，而不管这些企业或事业单位的名称上是否冠以"合作"二字。还有，像社会主义经济中的合伙制，如果合伙人较多，或者，在有限合伙制之下负有限责任的合伙人较多，是不是也具有"公众所有制"特征呢？难道这些形式一律都被归入私营经济一类吗？我相信，在讨论公有制的新形式时，视野应开阔些，站得更高一性，也许可以有一些新的发现。对某些问题不必过早下结论，要留待实践来检验。

第二，如何理解马克思在《资本论》第一卷第 24 章中提出的"重建个人所有制"？"重建个人所有制"同"对私有制的扬弃"是不是同义语？财产的社会化、公众化、股份化同"重建个人所有制"之间究竟是什么关系？

董辅礽教授在文章中写道："我们从马克思、恩格斯逝世后，包括股份公司所有制在内的各种公众所有制的蓬勃发展可以看到，公众所有制的出现和发展的确不是消灭私有制，而是在扬弃私有制，在公众所有制中私有制既被否定又被肯定；既被克服，又被保存。"他又指出："鉴于财产的社会化、公众化，鉴于出现了各种公众所有制并越来越发展，以及鉴于越来越多的人成为有产者，我们对马克思、恩格斯提出的关于‘扬弃私有制’，关于社会资本、社会所有制以及‘重建个人所有制’等论述应有新的理解。事实上，在那时他们已经对财产的社会化、公众化的发展趋势有了一些很有意思的预见。”董辅礽教授的这两段话寓意甚深，实际上涉及了社会主义公有制的长远发展趋势问题。为此，我们有必要重温一下马克思在《资本论》中关于“重建个人所有制”的论述。

马克思在《资本论》第一卷第24章的结尾部分是这样说的：“从资本主义生产方式产生的资本主义占有方式，从而资本主义的私有制，是对个人的、以自己劳动为基础的私有制的第一个否定。但资本主义生产由于自然过程的必然性，造成了对自身的否定。这是否定的否定。这种否定不是重新建立私有制，而是在资本主义时代的成就的基础上，也就是说，在协作和对土地及靠劳动本身生产的生产资料的共同占有的基础上，重新建立个人所有制。”① 对马克思这段话的理解的要点应当是“在协作和对土地及靠劳动本身生产的生产资料的共同占有的基础上，重新建立个人所有制”。这里所说的是“个人所有制”，而不是在《资本论》中通用的“私有制”。马克思把“私有制”分为两类：一类是“以个人自己劳动为基础的分散的私有制”，即小生产者私有制；另一类是“资本主义私有制”。对私有制的否定之否定，按照马克思的原意，不是恢复私有制或重建私有制，而是“重新建立个人所有制”。可见，“重建个人所有制”同对私有制的扬弃是一个意思。

我们还不能认为目前正在建立的公众持股的股份公司已经等同于“重新建立个人所有制”了。但可以肯定的是：建立公众持股的股份公司，发展公共投资基金，设立和发展社会保障基金

① 《资本论》第一卷，人民出版社1975年版，第832页。

等，是走向作为社会主义经济基础的“重建的”个人所有制的重要的一步。方向是正确的，但实际情况同所要实现的目标还有相当大的差距。

财产的社会化、公众化、股份化程度同“重建个人所有制”之间的关系，看来可以做如下的表述：即一方面，财产的社会化、公众化、股份化是走向“重建的”个人所有制的途径，另一方面，个人所有制真正被重新建立还必须取决于其他条件，如果缺乏这些条件，“重建个人所有制”的目标是无法实现的。尽管也许要等若干年后才能有真正的“重建的”个人所有制，但这并不妨碍我们现在就作一些尝试性的探索。

首先应当提出财产的公众化和股份化程度。如果社会主义社会中只有少数人持有股份，虽然这可以把由此建立的企业或事业单位称为“公众所有制”的企业或事业单位，但不能认为社会上个人所有制已经重新建立了。至于财产的公众化和股份化程度在数量上如何界定，以多少家庭持有股份和占 GDP 的多大比例的企业已成为公众持有股份的企业等作为判断标准，则可以探讨。

还应当把公众持股的股份公司的法人治理结构状况作为依据之一。这一类股份公司中的有些公司，尽管已经成为许许多多股东持有股份的企业，但股东会、董事会、监事会等机构很不完善，董事会若不反映股东们的意愿和不顾股东们的利益，监事会就不起作用，以至于“公众持股”只不过是一种形式。至于属于这种情况的“公众持股的股份公司”在“公众持股的股份公司”中占到多大比例，可以作为判断的标准，同样需要探讨。

关于公共投资基金的发展程度，公共投资基金的投资人人数和平均每个投资人持有的基金份额的价值，公共投资基金的管理的完善状况，也应当作为判断的标准。这里仍然有一个数量界限的问题，而数量界限的确定是有待于研究的。

对于社会保障基金，看来需要参照上面提到的这些标准来加以分析。

总之，“重建个人所有制”是一个方向、是一个目标，但与我国目前的现实的距离是相当大的。对这一点，应当有清醒的认识。

第三，在社会主义市场经济条件下，农业的公有制形式究竟是什么样的？公众持股的股份公司和公共投资基金之类的新型公有制可能更加适合于城市经济，那么对农业而言，公有制形式将会发生哪些变化？什么是农业中新的公有制形式？

在这里，需要把农村、农民、农业分开讨论。

农村中的企业以及有关的设施（包括水利设施、文化教育卫生设施、公共福利设施等），是可以按照公众持股的企业或事业单位的形式来重建。这既有必要，也是可行的。

农民，作为投资人，可以通过个人的投资而成为公众持股的股份公司的股东，或成为公众持股的事业单位的股份持有人，或成为公共投资基金的投资人。这将随着农民家庭收入的增长和农民参与市场的程度的提高而逐步实现。将来，在户籍制度改革和城乡户口隔绝状态取消之后，农民作为投资人的活动会越来越多。这是可以期待的。

农业，则应当专门进行探讨。农业的基本生产资料是土地。社会主义社会中，土地是公有的。在转入社会主义市场经济体制后，土地公有制不变，但公有制的形式有必要随着客观经济形势的发展而调整。农业中公有制的形式究竟怎样才能同市场经济相适应，怎样才能符合农业现代化的要求，以及怎样才能有助于农民收入的不断增长，都需要进一步研究。

最近20年来，全国普遍实行了家庭承包经营责任制，1993年宪法修正案中已把家庭承包经营责任制写进了宪法。从政策上说，1993 年又制定了在原定的耕地承包到期之后再延长 30 年不变的政策。因此，在我国实际情况下，要探索一条同市场经济和农业现代化相适应的农业中公有制的新形式，必须以此为出发点，否则将脱离我国的国情。

实践表明，农业中土地公有制基础上的土地承包制长期不变，并允许在农民自愿的条件下实行土地使用权的合理流转，是一个关键问题。土地使用权的流转应当采取有偿原则，并以合同方式予以规范。土地使用权的流转可以采取多种形式，如出租、转让、入股、转包、代耕、信托、互换，等等。土地使用权的流转可以在农民之间进行，也可以在农民同公司（或非公司形式的企业）之间进行，还可以在公司（或非公司形式的企业）之间进行。如果以股份制或合作制的形式组成新的农业经营主体，那么土地使用权可以作价为股份，并以此作为分享收益的依据。

由此看来，市场经济体制下的土地使用权的流转以及在流转后所建立的各种经营形式将是农业中社会主义公有制的新形式，而且新形式绝不仅限于某一种，很可能是多种多样的。农业经营效率是否提高和农民收入是否增加，将是对任何一种新形式能否坚持下去的考验。

董辅礽教授的上述文章没有涉及农业中公有制的形式，但他在其他场合谈到了农民以土地使用权入股以增加收入和提高土地使用效率的例证。我认为，农业中如果采用土地使用权入股的形式同董辅礽教授文章中所谈到的“公众所有制”基本上是符合的。从上面关于“公众所有制”的阐释，可以说明这种相符性。但如果农业中采取了土地使用权入股以外的形式呢？比如说，农民虽然不以土地使用权入股，而是通过订单农业的形式同公有制企业（包括公众持股的股份公司）建立经常性的关系，实行“公司加农户”的模式，这是不是符合“公众所有制”的要求呢？我认为这也可以列入“公众所有制”一类，也是社会主义公有制在农业中的新形式之一，理由是：土地是公有的，这是重要的前提；农民是土地承包人，他们同公司之间有合同关系，包括种植什么，按什么价格销售。运销由公司承担。这是一种既能体现农业产业化经营，又能保证农民有稳定增长的收入的形式，使农民同公司之间结成了利益共享、风险共担的关系，理应被视为社会主义公有制在农业中的一种新形式。

那么，在土地转包、租赁、信托或转让基础上形成的种植大户或养殖大户的经营，是不是也多多少少具有社会主义公有制在农业中的新形式的特征呢？这是一个可以继续探讨的问题。为什么我在这里用的是“多多少少具有社会主义公有制在农业中的新形式的特征”，而不说“这也是社会主义公有制在农业中的一种新形式”呢？主要基于以下两方面的考虑：一方面，土地公有制依然是分析的前提，土地转包、租赁、信托或转让指的是土地的使用权，而且种植大户或者养殖大户本人也是农民，从这个意义上说，这也是公有制在农业中的新形式；但另一方面，由于种植大户或养殖大户仍是个体经营的，不同于公众参与投资的生产经营，从而就难以包括在董辅礽教授界定的“公众所有制”之内。因此我认为这“多多少少具有社会主义公有制在农业中的新形式的特征”。

第四，公有制除了如董辅礽教授所区分的“共同所有制”和“公众所有制”这两种形式以外，还有没有其他的形式？如果有其他的形式，那么这是指已经出现的还是指将来有可能出现的？如果说是指将来有可能出现的，那么要具备什么条件才能实现？怎样才能使之出现？

这些都是董辅礽教授文章中没有涉及的。我想借此谈谈自己的一些想法。

也许有人会提出，有些股份公司是混合型的，即一部分是国家持股，一部分是公众持股，那岂不是介于“共同所有制”与“公众所有制”二者之间吗？岂不是可以列为第三种公有制形式吗？我认为，混合型的股份公司是存在的，以后也会继续存在，但这仍然没有超出“共同所有制”与“公众所有制”的范畴，还不能称之为其他的公有制形式。正如在社会主义计划经济体制时期，传统的公有制分为全民所有制和集体所有制两种形式，同时也存在财产一部分归全民所有，另一部分归集体所有，以至于到企业改革时产权界定十分困难的企业。

在我看来，在“共同所有制”和“公众所有制”这两种形式以外确实存在着公有制的第三种形式，我把它称做“公益性基金所有制”，这种“公益性基金”的资金来源既不是各级政府，也不是一般的投资人，而是来自私人的捐赠。比如说，某某人生前捐赠或死后其家属根据遗嘱捐赠一笔资金作为公益性的基金，用来办学校、医院、图书馆、体育馆、博物馆、孤儿院、老人院或其他公益事业，或用来建立吸纳残疾人就业的企业，或用作对家乡建设的投资等。由此形成的财产，算什么所有制？由于它不是政府拨款形成的，也不归政府管理，所以不属于“共同所有制”。由于它不是一般的投资人集资而形成的，不存在公众持股的状况，不归投资的公众选出的代表来管理，所以不属于“公众所有制”。这笔“公益性基金”是某某人捐赠出来的，一旦被捐赠出来成为“公益性基金”并形成财产之后，就具有公有的性质，不再属于任何私人了。既然它不能列入“共同所有制”和“公众所有制”，当然就属于公有制的第三种形式。

我对这个问题的最初探索始于20世纪90年代初到广东考察民办学校。有一类民办学校是民间集资办起来的，另有一类民办学校，是私人捐钱办起来的，这两类学校都被称作民办学校，或被称作“社会力量办学”。其实，这两类民办学校不仅资金来源不同，而且管理层的组成也不同。民间集资办的，资金来自集资者（即投资人），管理层由集资者（即投资人）的代表组成。私人捐钱办的，资金来自捐钱者，管理层则由捐钱者本人或他所委托的人，以及向社会上聘请的热心人士担任。1996 年 1 月 25 日，我为陈忠联同志主编的《教育经费筹集的新思路》一书撰写序言中曾这样写道：

“私立学校与公立学校的区别主要在于经费来源不同。公立学校的经费基本上由政府财政部门拨付，私立学校的经费基本上由基金会或类似基金会之类的社会团体所提供。”① 在这段话里，我所称的私立学校是指私人捐钱办的学校，而未把民间集资办学（如股份制民办学校）包括在内。接着，我写道：“由基金会或类似基金会之类的社会团体提供经费的学校可以被称为私立学校或称为民办学校，但不能被当作是私人的学校或某些私人的学校。由于这种学校是由基金会之类的机构提供经费的，并由董事会之类的组织来管理的，因此更类似于集体所有制性质的学校。从这个意义上说，私立学校是另一种类型的公立学校”。②

“公益性基金所有制”作为社会主义公有制的第三种形式，在我国已经出现，尽管为数极少，这是不足为奇的。但从发展趋势来看，将来肯定会有越来越多的“公益性基金所有制”形式的公有财产。在《关于教育产品的性质和对教育的经营》一文中，我曾就基金会办学一事作了如下的论述：“基金会接受捐赠，并运用所捐赠的资产来办好学校，捐赠者不能撤回自己的捐赠，也不能转让自己捐赠的那一份资产”。③“捐资办学，无疑是

①② 陈忠联主编：《教育经费筹集的新思路》，序，北京大学出版社 1997 年版，第 6 页。

③ 厉以宁：《关于教育产品的性质和对教育的经营》，载郝克明主编：《面向 21 世纪：我的教育观》，综合卷，广东教育出版社 1999 年版，第 242 ~ 243 页。

一种好事，多多益善。私人借资办学、筹资办学，这也没什么不妥，因为借资、集资给学校，等学校有条件还钱时再偿还”。①“有人愿意捐钱办教育，也有人愿意借钱出来办教育或集资办教育。愿意捐钱办教育的人目前还是少数，愿意借钱出来办教育和愿意集资办教育的人，目前肯定是多数”。②这些都可以反映我对社会主义公有制第三种形式的一些思考。

随着由私人捐赠而形成的“公益性基金”的增多，公有制的第三种形式将会被越来越多的人所承认。

我在《超越市场与超越政府》一书中，也对社会主义社会中私人捐赠问题作了分析，并预测了私人捐赠的增加趋势。我写道：“在道德激励之下，不少人可能不断地创业，增加收入，积累财富，而在收入增长和财富增长后，又一再捐赠。个人财产的增加和个人捐赠的增加，相伴而行；个人财产的增加会促使个人捐赠的增加，而个人捐赠行为又会推动个人继续致力于敬业创业，积累财富。”③ 所以私人捐赠今后会逐渐增多。

最后还需要做以下说明：私人捐赠的去向有若干种。如果私人把钱捐赠给穷人，那么不管得到捐赠的穷人怎么用掉这笔钱（用于消费还是用于生产），都不会出现公有制的新形式。如果私人把钱捐赠给已有的学校、医院、公共设施、福利机构等，也不会出现公有制的新形式。如果私人把钱捐赠给家乡的政府或团体并由后者用于家乡的建设，那么这同样也不会出现公有制的新形式。如果私人把钱捐赠给已有的各种基金，不管这些基金怎样使用这笔钱，公有制的新形式将不会由此产生。可见，只有私人把钱捐赠出来作为一种单独的公益性基金，再由这些基金用来建

①② 厉以宁：《关于教育产品的性质和对教育的经营》，载郝克明主编：《面向21世纪：我的教育观》，综合卷，广东教育出版社1999年版，第243页，第246页。

③ 厉以宁：《超越市场与超越政府》，经济科学出版社1999年版，第161页。

立各种公共设施，并由这种公益性基金聘请或委托他人来管理，由此形成的财产才是“共同所有制”和“公众所有制”以外的公有制第三种形式——“公益性基金所有制”。假定“公益性基金所有制”的说法可以成立的话，试问，还有没有第四、第五种公有制形式？那就有赖于大家继续探讨了。

原载《经济导刊》2002年第3期

中产者在社会经济中的作用：历史经验的小结

历史上不少国家、不少王朝都经历了兴起、强盛、衰落的过程。这一过程前前后后不知重复了多少次。历史清楚地告诉我们，尽管各国的社会环境不同，各个王朝的情况有异，但兴亡的诸多原因中，有一个原因是带有普遍性的，这就是：一国的兴起和强盛有赖于中产者队伍的壮大和中产者社会作用的发挥，而衰落和灭亡则由于中产者受到了压制、打击和摧残。中产者被摧毁之时，一个国家、一个王朝覆灭的命运也就决定了。

不同的国家和不同的时代有不同的中产者，中产者队伍有不同的组成人员。以传统社会来说，中产者大体上由两部分人构成：一部分是农村中的小块土地所有者，主要是自耕农，另一部分是城市工商业者，包括那些手工作坊主、工场主、独立的手工业者、各种店铺的业主，以及往来于国内外运销货物的商人。这两部分人构成的中产者队伍成为支撑社会、经济、政治的中坚力量。有了自耕农，兵源就有了保证；有了城市工商业者，就不愁没有税源。反之，如果土地兼并的结果使自耕农越来越少，如果横征暴敛和滥捕滥杀滥抄家的结果使自耕农和城市工商者或者贫穷破产，或者弃业逃亡，那么兵源就枯竭了，税源就断绝了，这样，国家焉有不衰败之理？王朝焉有不灭不亡之道？仔细读一读历史，我相信读者们都会有所感叹，有所思考，有所领悟。

如上所说，每个国家、每个时代都有自己的中产者队伍，中产者的组成人员各不相同。传统社会中，自耕农和城市工商业者就是当时的中产者，而进入工业社会之后，农业人口的比例下降，自耕农的比重也因而下降，城市工商业者的比重则会上升，专业人员的人数就会越来越多，他们在中产者中所占的比重将越来越大。进入工业社会以后，人们不一定把这些人笼统地称为中产者、中等阶层、中间等级或中等阶级。这不要紧，因为中产者、中等收入者、中等阶层、中间等级和中间阶级在社会经济发展中的作用实际是相同的。中产者是一批收入稳定、生活安定而且对现行的秩序有责任感、对前景有信心，从而激发了自己的进取精神和创业致富愿望的人。他们对现行秩序有责任感，是因为他们从自身的处境感觉到对现行秩序的维护就是对自身利益的维护，对现行秩序的破坏将使自己遭受损害，于是他们就会竭力支持现行秩序的建立者和维护者，反对破坏现行秩序。他们对前景有信心，有进取精神，是因为他们认识到只要维护了现行秩序，他们就有希望通过自身的不懈努力，通过积极工作和经营，改善自己的处境。想创业的，想致富的，通过个人的奋斗终究能成为现实。他们对前景有信心，有进取精神，还因为他们知道，在现行秩序之下，只要自己努力就能使下一代、再下一代生活得更好，自己能创业致富，下一代、再下一代同样能创业致富。前景可以预期，信心就会充实。日子既然会一天天好起来，下一代、再下一代既然可以生活在更好的环境中，他们还有什么可以担忧的呢？正因为有了这样一批有责任感、有信心、有进取精神、有创业致富愿望的人，社会就有了稳固的基础，不管社会受到来自国内国外的何种冲击，社会仍可照常运转，经济仍可照常发展。中产者人数越来越多，繁荣就会持续下去，困难可以被克服，被战胜。

社会上总会有穷人。要让穷人尽可能减少，这是任何一个有见识的执政者都关心的问题。历史经验表明，采取“杀富济贫”的政策从长期看解决不了社会贫困问题，因为“杀富”在很大程度上损害了中产者的利益，甚至使中产者变成了穷人。中产者受到歧视、损害，经济必然萧条，发展必定受挫，最终受害的仍然是广大穷人。对中产者的嫉妒心和仇恨一旦被煽动起来，社会就会陷入混乱，什么“社会稳定”、“经济繁荣”全都成了泡影。要改善穷人的生活状况，提高他们的收入水平，减少穷人人数，惟有依靠经济的发展，而中产者正是推动发展的主力。

历史上新旧政权的更替是正常的。旧政权衰亡了，新政权兴起了，国家依然存在，社会照常运转。在新旧政权更替之前，也就是旧政权摇摇欲坠之时，中产者通常遭到沉重打击。社会矛盾尖锐时，总会有一些人在谋划如何取代旧政权。他们希望贫穷者越多越好，社会越乱越好，因为社会越乱，中产者越是遭到打击，贫穷者越多，他们就越容易集结队伍，取得政权。然而，只要他们夺到了政权，并且只要他们决心巩固这一成果，他们就会设法振兴经济，扶植中产者，扩大中产者的队伍，否则他们新夺得的政权就不会稳固。如果贫穷者依旧那么多，中产者继续破产逃亡，他们的政权很快会被另一些准备夺取政权的人推翻。历史上为什么有的政权那么短命？为什么有的执政者刚上台又被赶下台？或者是由于新统治者目光短浅，认识不到扶植中产者的必要性，或者是由于新统治者上台后被需要迫切处理的军事政治问题缠住了身，来不及着手振兴经济和扶植中产者，就被竞争对手推翻了。还有一种可能，就是他们在着手振兴经济和扶植中产者时，受到的牵制太多，遇到的阻力太大，力不从心，而在他们周围的尽是一些靠继续打击中产者而聚敛财富的人，他们发现这个新统治者有扶植中产者的意图，认为他不适合当领袖，于是联合起来把他废黜了，或杀掉了。这就是中外历史上的真实状况。

人类社会可能有三种不同的阶层结构和收入分配结构：一是金字塔形的，二是准哑铃形的，三是鸡蛋形的。

金字塔形的阶层结构和收入分配结构是：最富者和有权势者是少数，位于金字塔的顶端；中产者略多于最富者，位于金字塔顶端之下；底层则是人数众多的贫穷者。从历史上看，金字塔形的阶层结构和收入分配结构是最常见的。这是一种不利于社会稳定的阶层结构和收入分配结构，因为贫穷者太多了，中产者人数偏少，力量偏小。

比这更糟糕的是准哑铃形的阶层结构和收入分配结构。为什么叫准哑铃形的而不是哑铃形的？因为哑铃形的阶层结构和收入分配结构应是两头大，中间小。但实际上哑铃形的阶层结构和收入分配结构不可能出现，因为底层总是人数众多的。所以只可能形成准哑铃形的。两头大：是指最富者和有权有势者这一头较大，而贫穷者那一头更大；中间小，是指中产者队伍最小。对社会稳定来说，这是一种异常脆弱的阶层结构和收入分配结构。中间小，支撑不了整个社会的运转。两头大，从两端挤压着中产者，使中产者的处境更加困难。不仅如此，两头大，社会冲突加剧以及由此引发的社会大动乱是不可避免的。

鸡蛋形的阶层结构和收入分配结构是：中间大，两头小，指中产者的人数多，最富者和贫困者都占少数。为什么在这里用“鸡蛋形的”而不用“橄榄形的”？因为橄榄是中间大，两头尖，这不是现实。鸡蛋的两头没有那么尖，比较符合实际。所以“鸡蛋形的”是最有利于社会稳定和经济发展的阶层结构和收入分配结构。但历史上还不曾有哪一个国家或哪一个王朝出现过这样的阶层结构和收入分配结构，现实生活中也没有哪一个国家完全实现了这样的阶层结构和收入分配结构，尽管有些国家正在朝这个方向努力。

不管怎样，任何一个社会，如果要保持持久的稳定和经济发展，必须防止准哑铃式的阶层结构和收入分配结构的出现，改变常见的金字塔形阶层结构和收入分配结构，使中产者队伍逐渐壮大，让贫困者有机会并有途径上升为中产者，从而金字塔形的阶层结构和收入分配结构慢慢变成尖塔式的，即塔尖以下是圆柱形或长方形的塔身，再朝着鸡蛋形的阶层结构和收入分配结构转变。任何一个新政权，如果在执政之后不扶植、不培育、不壮大中产者队伍，而是使贫穷者继续增多，甚至继续制造贫困者，使中产者沦为贫困者，那就不仅表明新政权的无能，而且表明这样的政权难以长期维持下去。

一个社会，最担心的是出现一大批绝望者。如果中产者感到了绝望，认为无论怎样努力都无法使自己摆脱困境，如果贫困者感到绝望，认为无论怎样努力都只能使自己永远陷入贫困之中，毫无上升到中产者行列的希望，那么这样一个社会必定是死气沉沉，缺乏生机，没有上进心，没有创业精神和开拓精神的社会。不仅如此，绝望引发动乱，动乱破坏秩序，秩序的破坏使绝望者更加绝望，他们或者是自暴自弃，或者另谋出路，或者思改思变，从而预示着社会大风暴的即将来临。

历史的经验值得汲取。

2003 年 11 月 6 日同北京大学光华管理学院研究生的谈话

论中产者队伍的壮大

一

不少人目前已经认识到扩大中产者队伍对于维持社会稳定和促进经济持续增长的重要性。但怎样界定现阶段中国的中产者，却是一个众说不一的问题。有人认为，中产者就是中等收入者，但也有人认为判断中产者的标准在于财产，而不在收入，有一定的财产比有一定的收入更重要。其实，这两种看法都有道理。中产者，既可以指有一定财产的人，也可以指有一定收入的人，或者两者兼有。关键在于拥有多少财产或一年有多少收入。

在这里，我不想讨论究竟拥有多少财产或一年有多少收入可以列入中产者行列。这一标准本身是有伸缩性的，而且是可变的。大体上可以这么说，一个人或一个家庭，如果有稳定的收入，有能力（包括通过消费信贷）购买房产或者已经有房，都可以称为中产者。也就是说，他们在财产的拥有或收入水平上处于社会中间层次。至于他们从事什么职业，那是次要的，因为中产者包括了从事各种不同职业的人。用中国民间的习惯来说，安居乐业应当是判断一个人或一个家庭是不是中产者的标准。换句话说，中产者一定是安居乐业者。

尽管有些人在财产或收入水平上达到了大众认可的“中产者”标准，但是他本人不一定认为已经是“中产者”了。这种不承认可能有不同的原因。比如说：由于多年来受到“左”的经济思想的影响，认为“无产者光荣”、“中产阶级就是资产阶级”，所以不愿意承认自己是“中产者”；由于市场经济中岗位竞争激烈，有价证券形式的财产的风险性较大，认为自己目前的财产和收入都不算稳定，何必这么早就承认是“中产者”呢；由于对国家的政策还不放心，税收政策也不明朗，如果承认自己已是“中产者”，那不等于“露富”了？所以还是稳妥一些好；由于看到某些财产上比自己多、收入比自己高的人还没有承认是“中产者”，心里想，自己为什么这么急于承认已经成了“中产者”呢？不如等一等再说吧！

虽然由于上述几种情况，一些人不愿承认自己是“中产者”，但这并不影响中产者队伍正在我国日益扩大。城市中有房产的人越来越多，自行创业的人越来越多（其中不少人获得成功），专业人员越来越多，从事自由职业并获得较高收入的人也越来越多。至于在农村中靠种植、养殖、经商和投资于农业而富裕起来的农民人数，在一些省份正逐年增加。这表明，城乡中产者队伍呈现增长的趋势。但应当指出，无论城市还是农村，穷人依然存在，城市内部的收入差距、农村内部的收入差距、城乡的收入差距近些年还有所扩大。这是事实，不必否认。我们应当注意到：一方面，在一定时期内，中产者队伍的成长和城乡收入差距的扩大两种趋势是并存的，不能因前一种趋势的出现而否认后一种趋势，也不能因后一种趋势的存在而忽视前一种趋势；另一方面，我们既要研究如何提高低收入者的收入水平，又要研究如何继续壮大中产者队伍，不能顾此失彼，否则就失之全面。

二

关于提高低收入者的收入水平问题，我已经作过较详细的论述。① 这里只准备就壮大中产者队伍问题谈一些看法。

首先，国家对经济的直接干预是无助于中产者队伍的壮大的。中产者队伍的壮大，需要有较好的市场经济环境。政府的任务是保持宏观经济的稳定，鼓励人们自行创业，保护私人财产，保护私人投资的合法权益，保护知识产权，保护正当竞争。政府的职能是为社会成员服务，为企业服务。服务本身就是一种管理，或者说，管理体现了政府的服务。政府可以通过提高教育水平和加强基础设施建设，使人们获得更多的就业和创业机会。政府应当促进中小企业的发展、民营企业的发展；政府应加快国有企业的改革和国有资产重组；政府还应当支持以知识为基础的高新技术产业的成长。

其次，“杀富济贫”是错误的政策思路，必须坚决摒弃。在经济从计划体制步入市场体制的时期，尤其要认清这一点：杀富济不了贫，也无助于穷人的脱贫。“杀富”的结果，只会使得已经进入中产者行列的人感到惊慌，使得本来很可能成为中产者的人感到心灰意冷，不愿继续致富。这样，不仅中产者队伍难以扩大，而且会使经济失去活力。

也许有人会说，采用高税率（如高额财产税、个人所得税、遗产税等）可以把最富的人拉下来，使他们成为中产者。还有人举北欧一些国家为例，说什么正因为实行了高额累进制的个人所得税和遗产税，使得这些国家不少很富的人降为中产者了。这

① 参见《厉以宁北京大学演讲集》，经济科学出版社 2003 年版，第 38 ~ 55 页，第 78 ~ 89 页。

种说法是似是而非的。应当承认，征收财产税、个人所得税、遗产税都是收入调节的措施，它们体现了政府的收入再分配作用。这些措施只要运用恰当，而且税率保持一定的“度”，可以促进收入分配协调。但要知道，北欧一些国家的中产者队伍庞大，主要不是通过高税率把最富的人降为中产者，而是依靠长期稳定的社会环境和促进经济发展的政策，使更多的低收入者逐年增加收入，上升到中产者的行列。各国国情不同，北欧一些国家实行高税率制，是从它们本国的国情出发的。而且，它们绝不是在经济发展起始阶段就实行高税率的。全世界发展中国家中，在发展初期，没有一个实行高税率而能使本国经济迅速发展的例子。总之，世界上任何国家，中产者队伍的壮大主要靠低收入者收入水平的逐步提高，而不是靠实行高税率把富人降为中产者。

三

这里还涉及一个理念问题。这就是：当人们都害怕成为“中产者”的时候，中产者队伍不可能壮大。只有当人们想成为中产者的时候，或者，只有当人们对“中产者”这个概念感到无所谓，不去计较它的时候，中产者队伍才有可能壮大起来。

也许可以换一个说法，当社会上没有什么人注意“谁是中产者、谁不是中产者”的时候，这个社会已经是中产者在居民中占多数的社会了。根据其他一些国家的经验，中产者队伍是在经济与社会发展过程中自然而然地形成、扩大的，既不需要故意渲染，也不需要刻意回避。

一个居民是不是进入了中产者行列，不是靠家庭访问能得出正确答案的。更不能在马路上随便拦住一个人问道：“你是不是中产者？你‘中产’了吗？”这也问不出可信的答案。中产者队伍的壮大，不需要大张旗鼓地造势、宣传，只要政策对路，中产者队伍是在经济增长过程中自然地、不知不觉地形成的。

有人说，中产者不是只有财产多少或收入水平高低这样一个标准，还应当有其他的标准，比如说，受教育程度，对政治的关心程度，或者个人道德水准，等等。这些说法都不正确。

要知道，受教育程度同就业机会、获取收入的能力和财产经营状况的好坏有着密切的关系。文化知识、技术水平越高，越容易找到好工作，越有机会获得较多的收入，也越有能力经营好自己的财产。就业机会、赚取收入的能力和财产经营状况越好，越有助于一个人比较顺利地进入中产者的行列。但受教育程度本身并不构成一个人是否成为中产者的标准。可以认为，受教育程度可以作为低收入者上升为中产者的一个重要条件，而衡量一个人是否进入中产者行列，归根到底要看这个人拥有的财产多少和年收入多少。此外，一个人成为中产者后，他会更加注意孩子的受教育状况，也会更加注意自己的继续深造。

同样的道理，对政治的关心程度也不能成为一个人是不是中产者的标准。穷人、中产者和高收入者中，都有一些人非常关心政治，一些人比较关心政治，也有一些人不那么关心政治。完全没有必要把关心政治的程度同个人财产状况、个人收入水平生硬地联系一起。较为常见的情况是：有些过去不那么关心政治的人，在进入中产者行列之后，比较关心政治了，或非常关心政治了。这也是可以理解的，因为他们有了一定的财产，有了一定的年收入，他们希望社会更稳定，经济更繁荣，从而关心时局，关心政策的制定和执行，关心法制建设，等等。从这个意义上说，中产者比较关心政治，是带普遍性的。这是一件好事。但总有一些中产者仍然不那么关心政治，因人而异嘛！难道就因此把他们排除在中产者之外？说他们不够条件成为中产者？把是否关心政治作为衡量一个人是否成为中产者的标准，只能使“中产者”概念含糊不清。

至于个人道德水准，更就不能作为衡量一个人是不是中产者的标准。“人穷志短”，这四个字从来都不是灵验的。今天的中产者中，有些人若干年前不也是穷人吗？如果都“志短”，怎么会创业致富？不少人即使今天仍然是穷人，他们又何尝“志短”？他们不正在勤奋工作，争取及早脱贫吗？“钱多了就变坏”，这只是个例。也有的人没有钱同样变坏。而先富裕起来的人中，乐善好施的，不在少数。如果把个人道德水准的高低作为中产者的标准，那就会使中产者概念模糊不清，结果是不利于中产者队伍的壮大的。当然，对于中产者来说，他们一定要守法，要依法经营，依法纳税，并且要有社会责任感，要关心周围的人，同时，道德上要自律。这样，将有助于形成一个更好的社会氛围，更加有利于中产者队伍的壮大。

2003 年 12 月 24 日同北京大学光华管理学院研究生的谈话

当前非公有制经济进一步发展亟待解决的几个问题

中共十六大提出，必须毫不动摇地巩固和发展公有制经济，必须毫不动摇地鼓励、支持和引导非公有制经济发展。中共十六大以后，尤其是党的十六届三中全会以来，我国非公有制经济已进入历史上最好的发展时期。这得益于党和政府的重视和市场经济体制改革的稳步推进。通过全国政协经济委员会非公有制经济专题组对辽宁、广东省八个城市的情况进行的调研，可以看出中央和地方政府出台的若干政策和规定已经基本上从体制方面清除了制约非公有制经济发展的障碍，营造了相对宽松的发展环境。但是我们不能不看到，由于历史的惯性和体制的局限，非公有制经济发展在许多方面仍存在制约因素。当前亟待解决的有以下几个问题。

一、要真正为企业“松绑”，必须加快政府职能转变

虽然中央和各地方政府纷纷采取措施在推进行政管理体制改革，但由于历史的惯性和部门利益的存在，在实际工作中还存在政府职能转变滞后问题。主要表现在：行政部门条块分割，政府采购、招投标信息等往往只在部门内部发布或只向公有制企业发布，使非公有制企业无法参与公平竞争；非公有制经济管理部门都只具有部分管理职能，机构重叠、政出多门，发布的规定或信息时有冲突，使企业蒙受损失；计划经济时期那种“一大、二公”的倾向依然存在，一些政府部门扶持国有企业或规模大的非公有制企业轻车熟路，往往容易忽视对众多的中小型非公有制企业的帮助和服务，在工作上“锦上添花”多，“雪中送炭”少；某些不利于非公有制经济发展的政策、法规未及时得到清理，使地方政府根据中央会议精神和当地经济发展的实际制定的一些广受欢迎的政策，因与我国现行的法律法规有出入而难以实行。这些现象的存在说明要促使政府职能从管理型向服务型转变，就必须从体制改革入手，合并机构，减少部门利益产生的根源，重塑利益结构。要尽快理顺管理体制，加强国务院对相关部门的领导和协调，并以适当的形式明确界定对非公有制经济管理职能的部门分工。要对过去颁行的已阻碍非公有制经济发展的法律法规和政策进行快速、全面的清理，在新的法律法规未正式出台前，制定司法解释来解决相关问题。要加快政府部门的电子政务建设，各级部门制定的文件按原渠道发布与上网公布同步，提高政策的透明度，创造公平的市场竞争环境。

二、要积极为中小型非公有制企业融资大开方便之门

我国个体和私营企业中 99% 是中小企业，其中 77% 面临资金短缺问题，这客观上已经成为制约其生存和发展的“瓶颈”。在当前直接融资渠道不畅的情况下，企业一般采用银行贷款，包括信用贷款等间接融资方式，但实际上，在向国有商业银行申请贷款时，非公有制企业往往会受到所有制歧视和规模歧视。原因是银行现行的机制使它们倾向于追求风险较小的有政府背景的企业，而非公有制企业申请贷款多为短期、小额，单笔贷款成本高，使中小型非公有制企业获得贷款难上加难。信用贷款也因我国信用体系建设不健全，企业信用无法保障而只能局限在本地，难以推行。要解决这个问题，必须要有新思路、新方法和新举措。不能完全依靠国有商业银行解决融资问题，要积极发展以中小型企业为服务对象的民营中小银行；或结合我国的银行体制改革，划分层次，明确分工，使一定规模以下的金融机构主要为中小企业服务。要进一步加快资本市场建设，抓紧有利时机建设、完善主要面向中小企业的创业板市场，为中小企业上市融资提供服务平台。要探索由政府投入少量资本金，引导和积聚大量民间资本的路子，设立中小企业投资公司。要鼓励民间资本参与中小企业信用担保体系建设，改变现在单纯依靠政府出资设立担保机构的做法。

三、清理过时的税制规定，切实减轻企业的税收负担

1994 年实施的新税制中某些规定已不符合现在发展的实际，

存在税率过高、税负过重、重复征税等弊端。如现行增值税制中多把私营企业划入小规模纳税人，使其实际税负要高于一般纳税人；企业所得税和税收减免方面，内资、外资两套税制并行，只有特定地区的内资企业才可享受到“优惠”税率，且内资企业是从投产之日起就征收企业所得税，而外商投资企业则是从获利年度起享受“两免三减半”政策，有悖于公平竞争；中小非公有制企业主集所有者、经营者于一身的特点，使他们需同时交纳企业所得税和个人收入所得税，在一定程度上产生了重复交税现象。要解决这些问题，必须按照国际惯例并考虑我国经济发展中出现的新情况，认真清理现行税制中这些阻碍经济发展的规定，使不同经济主体都能享受到同等的政策和优惠。要及早合并现行的内、外资两套企业所得税制，统一各类企业税收制度。要规范税前费用列支标准，准予企业将实际支付的工资、公益性或救济性捐赠及不违反现行法规的融资利息支出税前列支。要缩短固定资产折旧年限，提高折旧率；加快有条件的企业进行设备更新和技术改造。此外，还应对诚信纳税的企业给予鼓励，努力推动建立“诚信纳税”的良性循环机制，营造良好的信用社会氛围。

四、加强私有财产保护，努力营造健康、良好的社会舆论环境

在经济体制改革过程中，一大批非公有制企业逐渐完成了创业资金的积累。回过头来看，它们在发展的初期不可避免地会有一些违规经营现象，但是随着改革的深入和社会的发展，非公有制企业在有意识地逐步规范和完善。对这个发展过程，我们要有一个公正、客观的认识。从现在的情况看，社会舆论对非公有制企业的态度并不客观。新闻媒体、影视作品等在积极宣传民营企业家的地位和作用方面做得不够，却夸大了某些负面的信息，往

往将民营企业家与“贪”、“黑”联系在一起，助长了社会上某些人的“仇富”心理。这不仅使非公有制企业主对社会公平失去了信心，也不利于社会的稳定和进步。要解决他们的后顾之忧，就必须为非公有制企业创造一个健康的思想和舆论环境，营造良好的市场秩序。要引导社会正确看待私有财产，正确看待富人，正确认识有产者，只要是合法经营所得的私有财产都应该得到保护。随着企业形式的不断发展和混合经济的大量涌现，所有制越来越难以界定，有鉴于此，以后制定和执行政策可以以企业经营形式为基础，这样不但有利于统一和公平，也会从客观上消除歧视现象。

2004 年 3 月 7 日在十届全国政协第二次大会上的发言

怎样看待先富起来的群体?

一

共同富裕是社会主义的根本原则。由于历史的原因，由于各个地区资源状况不同，由于各个生产单位和各个劳动者之间内部与外部条件的差异，共同富裕的实现只能是逐步的。共同富裕不等于同步富裕。

正因为共同富裕是一个过程，在这个过程中，必然有一些地区先富起来，也必然有一些人先富起来。应当指出，在社会主义经济中，无论是一部分地区的富裕还是一部分人的富裕，都是指通过诚信和守法而致富。如果这种致富违背了国家的法律、法规、政策，那么这种致富是不正当的。违背法律、法规、政策的致富，理应受到制裁、处理。我们说，先富者在社会上对于后富者有积极的示范效应，前提也应是：先富者的示范作用只有通过自身的诚信和守法才能发挥出来。这样，先富者对后富者才有积极的示范效应可言。

在现实生活中，一部分人的确已经先富起来了，其中包括不少民营企业的投资和经营者。他们是国内最受人们关注的先富起来的群体。怎样看待他们？首先应正确认识民营经济在国民经济中的作用，因为这是民营企业的投资者和经营者致富的前提。

二

在一些经济发达地区，民营企业已经成为当地经济的重要组成部分，它们提供和创造的税收、就业机会所占比重越来越大。有人认为，这样下去会对国有企业的发展产生不利的影响。因此，他们对继续发展民营经济产生了疑问。

关于这个问题，既要从企业的角度看，更要从国民经济总体上分析。

从企业的角度看，由于市场竞争的加剧以及容许民营企业进入法律没有禁止进入的领域，所以肯定会有一些效益不好的国有企业减产、停产、倒闭。这在市场经济中是正常情况，并没有什么值得恐慌的。民营企业中同样会存在有效益的进一步发展，效益差的被淘汰的现象。无论是国有企业还是民营企业，优胜劣汰不是坏事。优胜劣汰的结果，将推进企业的制度创新和技术创新，将导致企业利润、税收和就业的增长。

从国民经济总体来分析，应当看到，国有经济会因民营经济的发展而巩固、壮大。这是因为：

第一，民营经济的发展使国有企业增加了紧迫感，它们不能不依靠体制改革和技术进步来提高竞争力。有竞争对手比没竞争对手好。从发展的角度看，竞争对国有企业和民营企业的发展都是有利的。

第二，民营经济的发展为国有资产的重组创造了良好的条件，而国有资产重组对于巩固、壮大国有经济是非常必要的。可以设想一下，如果国有资产的重组不断取得进展，改制后的国有企业不就更有可能做强做大吗？

第三，公有制的形式正在多样化。股份制将是今后公有经济的主要形式。在竞争性行业中，纯国有企业改制为混合所有制企业，在目前已是大势所趋，势不可挡。民间资本通过各种渠道进入股份制企业，这是公有经济发展的趋势，也是公有经济得以进一步发展的途径。

现在常看到有关学术界一种讨论的报道：是“国退民进”呢，还是“国进民退”？这种报道没有抓住要点。要知道，在市场竞争中，无论是国有企业还是民营企业，都有兴有衰，有升有降，这是正常现象。但从趋势上看，应是民营经济同国有资产平行增长，因为国有资产重组后，国有资产得以保值增值，不断壮大。当我们把眼光从个别的企业转移到国有资产方面来，就会得出这种看法。

结论是清楚的：发展民营经济，对国有资产有利，对公有经济有利。

三

目前社会上既有穷人，也有富人。有人说，“民营企业家的致富同社会上一部分人收入增长缓慢和收入水平低是因果关系”，说“我们穷了是因为你们富了”，“你们富了所以我们才穷”。这种说法是容易使人们产生误解的，因此有必要正确看待这个问题。

首先我们应当把问题放在我国改革开放以后的大环境中来讨论，放在社会主义市场经济体制建立过程中来讨论，而不能脱离我们所处的具体环境来抽象地讨论穷人和富人之间的关系。正因为如此，所以可以认为，那种所谓“我们穷了是因为你们富了”是一种不准确的说法，至少是片面的说法。

关于这个问题，要从两个方面来分析。一方面，如果某某人贪污了扶贫款、救灾款、国家建设工程款，或者侵吞了国家的财产，或者某某人克扣了甚至拐走了本应发给工人的工资，那么这的确是因为一些人暴富直接造成了另一些人的穷困。这种情况确实存在，不容否认。但这些非法致富的人不能代表先富者群体。另一方面，在当前的情况下，某些城里人之所以收入水平低，是因为社会上就业机会不足，长期找不到工作；某些地区的农民之所以收入增长缓慢，原因之一是农产品销不出去，或生产出来的农产品不适合市场的需求，那么民营企业的发展恰恰有利于增加就业机会，使城里的下岗失业人员得到就业岗位，并使进城的农民工能找到工作，增加农民收入。此外，一些民营企业深入偏远的乡村，把当地的农产品运销出去，或者同农户签订合同，使农民产销对路，使农产品的生产适合市场的需求，这些不都是有利于增加低收入者收入的做法吗？所以我们不能简单地说“我们穷是因为你们富了”。当前的实际情况是：共同富裕是我们的目标，一部分人先富起来有可能带动、帮助另一部分人较快地脱贫致富，以促进共同富裕目标的实现。既然同步富裕是不现实的，是做不到的，先富帮后富，先富带后富，先富向后富提供榜样，才符合实际情况。

四

在我国现阶段，民营企业家是社会主义社会建设者的组成部分。有人问：为什么把民营企业家纳入社会主义社会的建设者的行列？如上所述，民营经济的发展，为社会增加了产品，提供了就业岗位，使国家增加了税收，增加了外汇收入，还大大方便了群众。民营经济对地方经济的促进作用，大家都是知道的。哪一个市县的民营经济发展较快，当地的经济就比较繁荣，社会也比较稳定。正因为民营经济在国民经济中起着重要作用，民营企业家们不是社会主义社会的建设者又是什么呢？

这里提到了民营经济在促进就业方面的作用。关于这一作用，可以从直接就业效应和间接就业效应两方面进行分析。

民营经济的直接就业效应是指：

1. 民营企业直接雇用的职工。

2. 自行创业的人员。

3. 为建立民营企业而带动的相关行业（如建筑业、建材业、设备制造业等）的就业。

民营经济的直接就业效应是很大的。但除了直接就业效应外，民营经济还有更大的间接就业效应。

民营经济的间接就业效应是指：

1. 带动了为民营企业服务的若干行业的就业，如销售、运输、修理、广告、咨询、审计、职工培训等。

2. 促进了民营企业在持续生产过程中所需的燃料、原材料、零配件等生产领域的就业。

3. 民营企业所缴纳的税收上缴财政部门后，被用于科研、文化、教育、卫生等领域，增加了这些领域的就业。

4. 民营企业利润的分配和使用所增加的就业，还包括民营企业的利润用于投资以后所增加的就业，以及民营企业的投资者们在得到利润后用于消费所增加的就业。

5. 第三次分配所增加的就业。这里所说的第三次分配是相对于第一次分配和第二次分配而言的。市场按照人们所提供的生产要素的数量和质量而进行的分配，是第一次分配。政府通过征税和转移支付进行的收入调节，是第二次分配。第二次分配到达个人手中，成为个人纳税后的可支配收入。这时，个人把这笔收入的一部分用于捐献、救济等，就是第三次分配。

如果我们考虑到民营经济的间接就业效应，那么民营经济发展所增加的就业人员远远超过其直接雇用的人员。换言之，没有民营经济，社会上减少的就业人口远远不止是民营企业所雇用的员工。

五

前些时候，媒体上关于民营企业家的“原罪”问题有些议论。应该说，有关民营企业家“原罪”的说法是不对的。“原罪”的说法最早出自《圣经》，是指一个人一出生就是有罪的。用这种说法来概述我国民营企业的创业过程，既不符合实际，也不正确。要知道，当前大陆的民营企业家并不是旧社会资本家的延续，他们是改革开放之后成长起来的，他们是社会主义社会的建设者。民营企业家中大部人的创业积累是合法的，他们主要是抓住了改革开放的历史机遇，用自己的聪明才智和辛勤工作发展起来的。民营经济的发展是改革开放的巨大成果，民营经济对经济建设的重要贡献有目共睹。当然，不能否认，在民营经济发展过程中，也出现了一些民营企业的不规范经营行为，甚至触犯了法律法规，对这些问题，应采取“实事求是，依法办理”的做法。再说，从整体上看，大多数民营企业家是守法的，我们不能以偏概全。如果对民营企业发展中存在的问题不作区分，不作分析，不依法办事，笼统地以“原罪”之名一言以蔽之，这只会挫伤民营企业家的积极性，并引起人们对民营企业的误解。

上面说的这些，对民营企业是非常重要的。我在外地调查时开过一些座谈会，几个民营企业家来了，说我们在“资本原始积累”时期如何如何。我忙把他的话打断了。我笑着说，你们知道什么是“资本原始积累”吗?“资本原始积累”是指资本主义初期贩卖黑奴、贩卖鸦片，屠杀印第安人，掠夺金银，还有英国的圈地，那才是资本的原始积累。那是特定历史时期的产物。你们是根据党和政府的政策，创业经营，发家致富的。你们当初的积累应称为创业积累，不要硬给自己扣上“资本原始积累”这几个字。既然改革开放以来中国的民营企业家不是旧社会资本家的延续，是新时代下发展起来的社会主义社会的建设者，所以当初的资金积累应该称做创业积累，为什么要说成是“资本原始积累”呢？

六

民营经济要珍惜机遇，抓住机遇。中共十六届三中全会提出，鼓励有条件的民营企业做大做强，过去只提国有企业做大做强，所以这个提法是新的。民营企业怎样才能珍惜这个大好的时机，一定要脚踏实地，不要追求轰动效应。先做强，才能做大。诚信才能创业，有凝聚力才能创业，有创新才能创业。

民营企业一定要依法经营，依法纳税，千万不要做违法的事。同时，民营企业家在道德上要自律，要有社会责任感，要拒绝、远离那些伤风败俗的事情，这样才能受到社会的尊重。

不要把创新只看作技术创新，创新包括体制创新或制度创新。而且要懂得，体制创新和技术创新是不一样的。技术创新时，用人家的技术要付专利费，体制创新不用付给人家任何费用。如果体制创新要付专利费，那安徽凤阳小岗村是最富的村了，因为各地的家庭联产承包责任制都是从他们那里学来的。所以，要学习其他企业的体制创新经验。

还有，现在打开电视机，看一看反贪题材的电视剧，几乎是千篇一律，公式化。凡是什么厅局长出了问题，背后总有民营企业家在给他们送钱，送女人，使观众得到这种印象：民营企业家总是跟“贪”连在一起。有的民营企业家在反贪电视剧中一出现，周围总是有打手，有的还雇杀手，似乎都是“黑社会老大”。这不符合事实。我们不能否认确实有类似的情况。但那只是个案。个案不代表主流。许多电视剧都这么拍，难道这是主流？难道这能代表改革开放以来民营企业家的绝大多数？难道这就是当前我国民营企业家的总体形象？绝对不是。这种公式化的描画，只能带来负面效应而起不到积极作用。

民营企业同样要关心产权的问题。有人说，民营企业产权很清楚。不一定。很多地方民营企业的产权并不清楚，尤其是戴红帽子的更不清楚。当初之所以要挂靠在某个集体企业或某个事业单位，戴顶红帽子，情况很复杂：或者是因为胆小怕事，或者是为了便于开展业务。可是这样一来，产权就不清楚了。企业一发展，纠纷就会越来越多。

不戴红帽子的民营企业，也有产权不清的问题。比如说，有些民营企业是属于家族的，父亲带着几个儿子一起创业，父子兄弟没有分家。企业做大了，产权问题就出来了。由于当初没有分家，老人死了，几个弟兄忙着要分家。怎样计算分配比例？争吵不休。有的企业，老人死后，弟兄仍未分家，一起干。结果，第二代中的某个人死了，他的儿子，即第三代，要分家，这就更难分了，结果闹得家庭也失和了。所以民营企业的产权也一定要清楚。产权清楚以后，其他问题就好解决了。只有在明确产权的基础上，民营企业才能发展壮大。

现阶段中国较大的民营企业，绝大多数不是从小商小贩发展起来的。它们的特点是：第一，起点高，一开始就明确产权，多半采取有限责任公司的形式。第二，它们之中主要是科技型的民营企业，无论是投资者还是骨干人员，学历高，企业以掌握自主知识产权作为发展的主要依靠点。没有自主知识产权，企业难以进一步发展。第三，产权是开放的。封闭式的产权没法做大。封闭式的产权，只靠自我积累，怎么行？第四，企业领导人视野开阔，知道产业结构的走向，知道宏观经济的趋势。顺应趋势，企业才能做强做大。

在下面调查时，有一位民营企业家对我说，“请你向中央反映，不管家猫野猫，逮住耗子就是好猫。”我一听就笑了，我说："你为什么把自己比作野猫呢？你怎么成了野猫呢？"投资人，都是中华人民共和国公民，合法投资，合法经营，怎样能把来自民间的投资人说成野猫？

民营企业家完全没有理由自称为野猫。民营企业家要有自信心。还是邓小平同志那句话：不管黑猫白猫，逮住耗子就是好猫。大家都是猫，这就行了。

有人对我说，现在的确还有人把民营企业看成是野猫。我问，是什么人？回答说：两种人。一些人仍用旧眼光看待民营企业，说他们夺了国有企业的市场，挤垮了国有企业。其实，市场竞争条件下，这些是正常现象。不要管他们怎么说，民营企业只要合法经营，就不必有什么顾虑。另一种是仍在地方上掌握实权的某些人，他们不了解中央的政策，仍在限制民营企业发展。他们认为，如果要发展民营企业，那也只能小打小闹，不容许做强做大，据说这将动摇社会主义的基础。希望这些干部赶紧学习中央政策。不吃透中央文件的精神，这些地方的经济怎能搞好？

七

最后，在讨论怎样看待先富起来的群体时，一定要认识到，一部分人先富起来是共同富裕过程中一个必经的阶段。这是因为，共同富裕不可能同低生产力水平共存。如果经济发展程度低下，那么无论以何种方式进行分配和再分配，都难以摆脱共同贫穷的处境。只有发展生产力，使经济不断成长壮大，然后通过收入分配的有效调节，通过政府和社会各界（其中包括先富起来的群体）对低收入者的扶植、带动、引导，才有希望使共同富裕成为事实。

社会主义市场经济中，就业是靠就业扩大的，富裕是靠富裕带动的，繁荣是靠繁荣支撑的。这三句话反映了经济学的基本道理。就业是靠就业扩大的，这就是说，一些人就业了，有了收入，他们把收入花掉，别人就有就业的机会了；富裕是靠富裕带动的，是指一些人富裕了，他们不仅成为样板，而且还起着带领周边的人共同奔向富裕道路的作用；繁荣是靠繁荣支撑的，这表明，小到一个地区，大到整个国家，如果经济繁荣了，居民购买力提高了，消费需求和投资需求上升了，就能支撑以后的经济增长，使繁荣保持下去，形成一种良性循环。以上这三句进一步说明了先富与共同富裕之间的关系。在我国，完全有可能做到先富帮后富。可以相信，通过诚信和守法先富起来的人，在促进经济发展和提高生产力水平的同时，必将在促进共同富裕实现的过程中发挥越来越大的作用。

2004年9月5日 同北京大学光华管理学院研究生的谈话

附

厉以宁就“纳税百强”答《中国税务》杂志社记者刘威威问

记者：您如何看待“私营企业纳税排行榜”的推出？

厉以宁：民营企业家对社会的贡献，不仅体现在为社会提供了多少产品，解决了多少就业，同时也体现在依法经营、诚信纳税上。企业只有按照国家的法律法规缴纳税款，才能取得社会的信任和尊重。

《中国税务》杂志社推出“纳税百强排行榜”，将企业的纳税情况公之于众，这对民营企业及民营企业家能起到自我约束和自我激励的双重作用。简单地说。如果企业偷逃税，信誉状况自然不好，那么你的供货商、客户就不愿意和你做生意。这样，企业的失信成本大大提高。纳税信息的公开透明使企业不得不按照法律要求来规范企业的行为，约束自己在合法、守法的道路上走。

纳税多少体现着对国家的贡献程度。企业如果一年比一年纳税多，一年比一年排名靠前，那说明为国家做的贡献更大了，企业实力更强了。这一点对民营企业和民营企业家是有激励作用的。另外，纳税排行榜的推出，将民营企业的纳税情况置于公众的监督之下，也给社会上一些偷逃税企业一个警示。

记者：2001 年《福布斯》杂志公布的中国内地 100 名富豪中，仅有 4 人登上“私营企业纳税 50 强排行榜”，在社会上引起富豪不纳税的种种质疑，您对于这种说法有什么意见？

厉以宁：我接触的很多民营企业家都提到富豪排行榜没有意义，是不准确的。因为富豪榜不公布具体的数据来源，很多信息都是从报纸上得来的，炒作的成分很大。纳税榜则不同，是以实际入库税款为依据，比较权威、客观。所以企业家们更重视纳税榜而不愿意谈富豪榜。这也是我个人重视“纳税百强排行榜”的原因。

记者：税收是经济的晴雨表，您认为，纳税情况的变化能够从一定程度上反映国民经济结构的变化吗？

厉以宁：从现在中国的 GDP 看，国有企业跟民营企业各占半壁江山。从民营企业纳税的总数和纳税金额来看，民营企业占国民经济的总量也在不断增加，很多地方的财政现在是靠民营企业来支撑。我认为，纳税排行榜能反映一部分问题，但不是全部。比如有些企业初期投资很大，规模很大，但企业刚开始运行，纳税也许并不多。另外，由于各行业的税收政策不同，比如高科技企业，也不一定会缴多少税。所以，我们要看到纳税排行榜的作用，但不能过分夸大。

记者：您对“纳税百强排行榜”有哪些建议和期望？

厉以宁：我有两点建议。第一，现在的排名是以重点税源户的纳税总额做指标，所列纳税企业及纳税数据均为独立纳税企业在其税务登记管辖地区实际入库的税款，尚不能对各类企业集团纳税资料进行合并，这使很多大型的企业集团未能进入排行榜或者排名很低，我认为，税务部门在统计口径上应该做出调整，这样对分析经济、税源结构更有用，对企业也更公平。

第二，在现行以流转税为主体的税制安排下，企业的纳税并不能清晰地反映经营状况，因为一个企业也许是亏损的，但只要销售产品，也要缴增值税。如果以后的纳税排行榜能将企业所缴纳的所得税和其他税分开排名，则可以比较客观地反映企业的盈利状况。

从整体上看，“纳税百强排行榜”的推出是有意义的。这件事值得做下去，在统计口径和资料的翔实度方面，应更科学、更完善。我衷心地希望纳税百强排行榜能够越办越好。

原载《中国税务》2004 年第 9 期

论制度调整

——从封建社会的刚性体制和弹性体制说起

一

一种制度之下可以有不同的体制。我们不妨把一种制度下的体制大体上分为两个类型，即刚性体制和弹性体制。不同制度下的刚性体制和弹性体制的内容不一样，但总的说来，刚性体制是一种僵硬的、不灵活的体制，弹性体制则是一种柔性的、较为灵活的体制。刚性体制和弹性体制代表着该种制度下两种不同的统治方式，刚性体制同僵硬不变的统治方式相联系，弹性体制同灵活可变的统治方式相联系。

从一种体制转换成另一种体制，被称为制度调整。这种调整是在同一种制度之下进行的。体制转换了，但制度不变，这只不过是制度本身的调整而已。从制度调整的角度来考察已往的历史，我们可以对社会的发展和变迁有新的认识。

二

以封建社会来说，在西欧，封建社会中的体制就是一种刚性体制。那里实行的是农奴制，体制的刚性在农奴身份问题上反映得十分明显。农奴连同土地依附于封建领主，农奴身份的存在表明农奴没有人身自由，他们未经封建领主的许可不能离开庄园，逃亡的被拘捕后要受到严惩。农奴为了获得人身自由，必须向领主缴纳赎金，而这是绝大多数农奴做不到的。这正是体制刚性的反映。

又如，西欧封建社会中，社会流动受到严格限制，每个人生下来以后就在制度所固定了的模式下，按自己所隶属的社会等级和身份的规定生活和工作，从生到死基本上是注定的、不容改变的。贵族就是贵族，农奴就是农奴。贵族是高贵的，农奴是卑贱的，身份不容改动。垂直的社会流动不可能在体制内实现，正常的社会水平流动对卑贱的农奴来说虽然是可能的，但农奴必须为此付出一定的代价。

看起来，由于等级制和身份制的存在以及对社会流动的严格限制，西欧封建社会似乎非常稳定，封建统治者的统治十分牢固，实际上却不是这样。刚性的体制就好比一口铁锅，外表上很坚硬，但经不起打击，一砸就碎裂了。西欧的封建社会的刚性体制就像表面上坚硬、实际上很脆弱的铁锅，经不起打击。农奴竭力想摆脱自己不自由的处境而向往城市，一心想逃入城市。城市不仅在经济上给一切前来谋生的卑贱者以生存之路，更重要的是向他们提供了一个可以摆脱对封建领主的人身依附关系和争取得到平等地位的机会。刚性体制的西欧封建社会越是限制社会流动，卑贱出身和等级低下的人们就越想挣脱这种限制。流亡是一种迫不得已的社会流动的选择，赎买则是另一种选择，而最好的选择，在力求改变处境的人看来就是反抗，以便实现自己的愿望。城市中聚集的人越来越多，城市的力量越来越大，形成了反对封建主的力量，终于敲起了西欧封建社会的丧钟。

如果封建社会不是这样一种刚性体制，而是一种弹性的体制，情况便会有巨大的差异。在弹性的体制下，身份是可变的，社会流动是容许的，土地的拥有不一定同人们的身份或等级联系在一起；地主不代表贵族身份，也不是只有贵族才能成为地主；平民可以做官，做官的后代也可以成为普通的平民百姓……所有这些都是弹性体制的封建社会的特征，尽管这些都不会改变封建社会的性质，只不过表明封建统治方式的灵活性，但它却有助于使封建社会延续下来。

三

中国封建社会前期体制也是具有较大刚性的。以人身依附关系为标志的身份制、以血缘关系为基础的社会等级制以及社会流动都受到严格限制，尤其是东汉末年以后，三国时期、南北朝、隋朝、直到唐朝前期。从公元 755 年（天宝十四载）爆发安史之乱起，唐朝由盛而衰，进入中晚唐时期。唐朝亡于 907 年，从此开始了五代的历史，中原地区先后出现了后梁、后唐、后晋、后汉、后周五个政权一共存在 53 年，到 960 年，赵匡胤发动兵变，夺取后周政权，建立宋朝，五代时期结束。从 755 年到 960 年，共 205 年，这是中国封建社会从刚性体制向弹性体制的转变时期或体制过渡时期。

宋朝以后，中国封建社会的弹性体制主要表现于以下三个方面：

第一，地主土地所有制同地主本人的社会等级不发生联系，而社会等级尽管是客观存在，但同祖上的血缘也没有必然的联系：官员的后代可能失去土地，成为穷人；穷人的后代如果有钱购买土地，可以成为地主。也就是说，任何人只要有钱购买了土地，都可以成地主，而不论门第、出身、血缘关系。

第二，科举制的完善使得仕途变得公开化，有钱有势的人的后代如果科场失利，就不能由此进入仕途，而只能走其他的道路通往官场；而穷人的后代只要能通过科举考试，就有进入仕途的机会。高官的位置不是靠血缘关系取得的，而是科场的获胜者。

第三，向地主租佃土地的人，对地主没有人身依附关系，他们同地主之间只是租佃关系，而租佃关系就是一种契约关系。地主和佃户的租约期满后，可以续订，也可中止，地主另找人来租佃土地，种地的人也可以另找地主订约。佃户家里的孩子是自由的，他们可以外出做工，当学徒，经商，或读书，参加科举考试。

在宋朝以后的长期封建社会弹性体制下，中国封建社会一直持续不变。中国封建社会长期存在，并不意味着社会不会发生大动荡，不会发生社会危机，而是指：不管发生什么样的大动荡和什么样的社会危机，封建制度依然存在，封建社会照常运转。宋朝开国以后的历史充分说明了这一点，比如说，宋太宗继太祖承继皇位，明成祖夺了建文帝的宝座，都是皇族内部权力斗争，夺权成功后，封建制度不变，弹性体制也不变；又如，金灭了北宋，元灭了金，再灭了南宋，明朝赶走了元朝的统治，清朝又代替了明朝，这些都是皇朝的兴亡更替，封建社会一直照样运转着，封建社会中的弹性体制继续起着作用；再如，元末明初群雄割据，割据者不管是起义军的领袖，或是乘元朝衰微而独霸一方的军阀，还是亲元的旧势力残余，他们混战不已，但在所统辖的区域内仍然维持着封建秩序。此外，像明末李自成建立的大顺政权，张献忠建立的大西政权，依旧按照封建皇朝的统治方式来发号施令，封建制度既未因此瓦解，也谈不上制度的更替。这一切表明，中国封建社会的超稳定性主要指弹性体制下封建的超稳定性。统治舞台上的角色可以变换，朝代名称可以变换，某些具体的统治方式也可以变换，甚至一个朝代之下对不同地区实行了不同的政策，但制度始终不变。封建制度在中国，从宋朝以后又延续了将近一千年，才退出历史舞台。

四

以封建社会为例，从不少国家的历史可以看出，封建制度刚刚建立时，几乎都是刚性的体制：层层分封，等级森严，强调血统纯正、门第高贵，人身依附关系严格，社会流动（无论是垂直流动还是水平流动）受到限制，权力结构基本上固定不变，行使权力的代表都同特定的等级、身份相联系。问题在于：为什么不少国家和地区封建社会的刚性体制一直持续下来，而有些国家和地区，封建社会的刚性体制却逐渐朝弹性体制度方面转化？比如说，层层分封的体制消失了，等级不再那么森严了，血统和门第即使仍被看重，但不再是惟一被强调的了。又比如说，人身依附关系逐渐放松了，垂直的社会流动和水平的社会流动都放宽了条件，权力结构也逐渐发生变化，行使权力的代表不再同特定的等级、身份联系在一起，而是采取了较公开的选拔方式。这些国家和地区的封建社会是在什么条件下由刚性体制转变为弹性体制的，这一转化过程又是怎样实现的，值得我们认真研究。

一个关键的问题是：封建制度有没有一种调整机制？如果具有这种调整机制，那么在封建制度受到冲击和威胁的条件下，体制会发生一些变化，即由刚性体制向半刚性体制转变，再由半刚性体制向弹性体制转变，以维护封建制度的生存。这就是封建制度的调整。实际上，岂止是封建制度如此，任何制度都会遇到能否调整这一重大问题：制度不变，维持制度的成本过大，制度将根据“适者生存”原则而被淘汰。调整制度以降低维持制度的成本，有利于制度继续存在。

历史还表明，稍有眼光的最高封建统治者会总结前朝衰亡的历史教训而采取相应的措施来巩固自己的统治。假定分封制被认为是导致前朝败亡的主要原因，那就设法对分封制加以调整，甚至取消它。假定地方割据势力的强大导致了前朝的覆灭，那就设法削弱地方割据势力，加强中央集权统治。假定因赋税过重，横征暴敛，激起民变而使得前朝灭亡，那就设法减轻赋税，舒缓民怨，以保证封建统治的延续。假定是因仕途堵塞，仅以门第高下录用官员，以致有才之士投奔到异已力量麾下而引起前朝的倾覆，那就设法广开仕路，把一切能为封建者效力的人吸引到自己这边来。所有这些封建统治的经验教训都是多年积累而成的。封建社会中的制度调整机制就由这样一系列旨在缓和社会矛盾的政策措施所构成。由于封建制度调整机制不断起作用的结果，刚性的封建制度逐渐具有弹性。封建制度从刚性变为弹性，正是为了维护封建制度，维护封建统治必需的制度调整。

当然，制度调整有一个时间早晚的问题。在西欧，刚性体制一直不变，直到封建社会晚期也如此。等到封建统治当局想调整时，为时已晚，因为城市的力量已经壮大了，城市中的资产者已经有相当大的势力了，这时再想进行制度调整，收效已不大，即使做了一些调整，也未能使封建制度继续保存。

五

以上讨论了封建社会的制度调整问题，对于资本主义制度，也可以用刚性体制、弹性体制，以及制度调整等概念来分析，不过我们需要给资本主义社会的刚性体制和弹性体制作出恰当的解释，而不能套用封建社会中刚性体制和弹性体制的定义。

刚从封建制度演变而来的资本主义制度，是不是属于刚性体制？经过这些年的变动，在某些国家，资本主义刚性体制是不是已经演变为弹性体制？或者说，正在逐步从刚性体制走向弹性体制？1961 年，都留重人主编的《资本主义改变了吗？》一书于东京出版。这是一部论文集，论文集中除了收集了都留重人本人的论文而外，还收集了约翰·斯特拉彻、保罗·斯维齐、夏尔·贝特兰、莫里斯·道布、保罗·巴兰、加尔布雷思等英、美、法国著名学者的论文。都留重人认为，由于社会保险制度的改革、累进税制的推行、最低工资法的实施等，资本主义确实发生了一些变化。他在书中写道："人们有时断言，由一个资产阶级国家提议和实施的社会保险制度或最低工资法无非是欺骗工人的一种手段，或者说，如果没有一个当权的社会主义政党把生产资料社会化那么国家权力是不能够增进工人阶级的阶级利益的。我认为这些看法在使用国家的阶级性的概念方面是过分机械了"。① 莫里斯·道布也在书中指出："最近几十年来，资本主义在某些方面已经改变，因此它的规律和趋势的作用也有一定的变化。我相信，这样一些变化是相当重要的，以至于可以自由地和非教条主义地加以讨论，可以按科学探讨的精神来具体地进行研究"。②道布接着说：所有这些变化"并不等于社会关系制度中的质的变化"③，所以他否认"在任何基本方面改变我们对作为一种制度的资本主义及其未来的估计的变化"④。

根据上述制度调整、刚性体制和弹性体制概念，能不能作这样的思考：资本主义制度依然是资本主义制度，但同19世纪相比，当代资本主义社会的体制却改变了，转换了，从而在西方国家，资本主义制度延续下来了。正如在弹性体制下，封建社会又延续了若干年，最终仍将退出历史舞台，体制转换后的资本主义社会，虽然延续下来，但它能延续多久？很难讲。不管怎样，可以相信，社会发展的规律是不会改变的。

①②③④ 参见都留重人主编：《资本主义改变了吗?》，东京，1961年，第145、146、190页。

六

所有的社会主义国家在胜利后所建立的都是计划经济体制。计划经济体制是一种刚性的体制，而市场经济体制则是一种弹性的体制。后来，有的社会主义国家不进行制度调整，不从计划经济体制转向市场经济体制，结果丢掉了社会主义制度。而中国自中共十一届三中全会以后，确定了改革开放的方针，体制逐步由刚性走向弹性，即从计划经济体制逐步走向市场经济体制，成效是显著的，社会主义制度持续下来了，而且发展得更好，这就是说：不改体制，迟早将丢掉制度，改革了体制，制度继续存在。因此，改革是社会主义社会的重大的制度调整，也就是社会主义制度的自我完善。

2004 年是邓小平同志诞辰 100 周年。邓小平同志关于建设有中国特色的社会主义的一系列重要论述，为社会主义的体制改革奠定了理论基础。社会主义体制改革是一项前无古人的开创性事业，必须勇于探索，敢于试验，善于把马克思主义基本原理同中国的国情紧密结合在一起，把解放思想同实事求是统一起来，才能使中国在改革开放的道路上取得成就。在社会主义条件下，中国改革的目的是什么呢？是改革束缚生产力发展的体制，建立有利于生产力发展的新体制，从而在生产力发展基础上实现共同富裕。

改革是社会主义条件下经济发展的动力。如果忽略了改革作为社会主义经济发展的动力，就难以在生产力不断发展的基础上实现共同富裕这一目标，而且会使社会主义失去活力，失去吸引力。在苏联、东欧国家发生剧变后，我们对此有了更深的体会。不能错过改革的时机。不抓紧时机进行改革，最后将丢掉社会主义制度。只有致力于改革，使社会主义经济充满活力，使社会主义制度的优越性在适应生产力发展的新体制下不断发挥出来，使人民群众热爱社会主义，拥护社会主义，社会主义制度才能得到维护，社会主义才能继续前进。今天当我们怀念邓小平同志，回顾改革历程时，更加体会到中共十一届三中全会的伟大历史意义，体会到中国选择的改革道路的正确。

2004年2月9日在北京大学光华管理学院2003级硕士生班上的讲话

20 世纪 90 年代初股份制争论的回顾

中国资本市场的发展以股份制改革的推进为前提。如果当初没有国有企业的股份制改革，资本市场的发展也就无从谈起。因此，在讨论中国资本市场的发展时，有必要对 20 世纪 90 年代初期学术界有关股份制的四个争论问题作一些回顾。

一、产权改革

在我国国有企业改革过程中，究竟要不要进行产权改革，曾经引起争论。有人认为不需要进行产权改革，提出产权改革反会引起人们的疑虑，增加改革的阻力。经过多次讨论，这个问题才逐渐明确：产权改革是必不可少的。

要知道，国有企业改革不仅仅是管理方式的改革，更不能以加强管理或改善管理来代替改革。改善管理是经常性的任务，但管理要取得成效，应当以产权界定与产权明确为前提。国有企业改革首先是产权改革。产权改革是指：对模糊不清的产权进行界定，明确投资主体，明确产权的归属，明确资产经营的盈亏责任。投资主体不明，产权归属不清，盈亏责任模糊，改善管理从何谈起？只要进行了认真的产权改革，企业管理的加强与改善无疑会有明显的效果。

国企改革过程中必须实现政企分开，这已成为基本一致的看法。值得深入探讨的是：如果产权依旧模糊不清，政企能够顺利分开吗？政企怎样分开？不确定投资主体，股权归属不清、模糊不清的产权阻碍着政企分开，这已被实践证明。在计划经济体制之下，不仅是政企不分，而且是政资不分。政资不分是指：政府既是资产的所有者，又是资产的直接经营者。理由是：国有企业的资本来自政府财政部门，政府当然有权利、也有责任直接经营管理国有企业。政资不分与政企不分结合在一起，阻碍着企业改革。在这种情况下，产权本身就是模糊的。尽管所有的国有企业都归政府所有，都由政府统负盈亏，但具体到每一家国有企业，究竟投资主体是谁，谁对国有资产的保值增值负责，谁承担亏损的责任，这些都不明确。政资不分必然导致政企不分，而产权模糊又必然导致政资不分。因此，只要产权依然模糊，政资就难以分开，政企也难以分开。

在国有企业改革过程中，要建立有限责任公司或股份有限公司，以便实行现代企业制度。而这又以明确投资主体为前提。明确投资主体与明确产权是同一回事。如果不事先确定投资主体，无论是有限责任公司还是股份有限公司都无法建立，政企分开也就成为一句空话。再看企业自负盈亏问题。在产权明确的基础上，企业的自负盈亏就是投资者按投资的比例各自负盈又负亏。每一个投资主体，包括国有的投资主体在内，都对自己投入企业的资本负责，关注资本的保值增值。这就为解决政资分开、政企分开这个难题准备了必要条件。

在国有企业改革中，一定不能把行政性公司换个招牌保留下来，而且当时的行政性公司为数众多，有些国有企业的改革仅限于把企业改为行政性公司。这种行政性公司不符合市场经济的要求，既不能制止国有资产的流失，又不能按市场原则来经营，因此必须进行真正的改造，即撤销原有的行政性公司，改造为明确投资主体和界定产权的公司。回避产权界定，就是回避投资主体的界定；不谈产权明确，就是让大型国有企业继续处于行政性公司状态，甚至任其资产流失，最终成为空壳。经过90年代初期的讨论，到90年代后期，这个问题终于有了正确的结论：必须界定产权，界定投资主体，行政性公司必须实行认真的产权改革。

二、国家控股

另一个争论的问题是关于国家控股。

在国有企业改革中，大型企业可以改为国家控股的有限责任公司或股份有限公司。国家控股的公司也可以采用国家控股集团公司形式，并在此基础上组成母子公司体制。

国家控股集团的母公司是指持有其他公司相当份额（理论上应占51%以上，实际上根据股权分散情况可以低于51%）的股份，从而能对那些公司进行控制与管理的企业法人。国家控股集团的母公司也称持股公司，它们是国家作为投资主体所成立的持股公司，对它所持有相当份额股份的其他公司进行控制与管理。争论主要不在国家控股的比例多少。大多数人认为，51%不一定是控股的必不可少的条件，一切要根据行业状况而定。

20世纪90年代初关于国家控股的争论，主要集中于如何建立国家控股的集团公司。曾经有过三方面的疑虑：

1. 有人认为，如果国家控股集团的董事会成员和高级管理人员由政府任命，公司的决策与政府的决策的区别就不大，这又如何减少政府对公司业务活动的行政干预呢？政企分开不就成为一句空话了吗？

2. 有人认为，有了国家控股集团与母公司—子公司这一组织形式，等于给企业关系中增加了一个新的层次，而层次越多，管理的效率就越不容易提高，决策也必定迟缓。所以有人认为国家控股集团的母公司这一层次是多余的，不如取消它。

3. 有人认为，国家控股集团所控制的子公司不止一家，这些子公司中，有的盈利，有的亏损，国家控股集团从全局利益出发，很可能把盈利的子公司的利润抽走，用于补贴亏损的子公司。这样，不又形成新的“大锅饭”了吗？这怎么可能促进子公司改善经营，提高效益呢？

应当承认，这些疑虑不是没有道理的。通过学术界的讨论，对这三个有争议的问题逐渐取得了共识。

首先，关于政企分开问题。建立国家控股的集团公司正是为了转变政府职能，政府依法管理经济而不再干预企业的生产经营活动。国家控股的集团公司的董事长、总经理不得由国家公务员兼任。公司本身不再套用行政级别，也不再享有政府的职能。董事会按公司章程行使职权。这就可以保证政企分开。

其次，关于企业管理层次问题。控股集团的母公司的建立是不是一定降低效率和延误决策，这不取决于是否存在母公司这一层次，而在于正确处理各个管理层次之间的关系。假定集中一批熟练的管理人员进入母公司，形成人才优势，并建立相应的规章制度，那就可以做到及时决策、科学决策，而不至于降低效率。

最后，关于新的“大锅饭”问题。对这一点，需要从中国现实状况出发。原有的行政性公司之下，有些企业经营不佳，原因是多种多样的。怎么办？难道统统令它们倒闭，把它们甩出去？这不利于整个国民经济。在一段时间内，有必要采取过渡措施，并抓紧结构调整与企业重组。换言之，要根据国情，循序渐进。“破旧”要逐步地“破”，“立新”也是逐步进行的。国家控股的集团公司为此提供了较好的条件，并能在结构调整与企业重组方面发挥积极作用。

三、产权交易

90 年代初另一个有争论的是产权交易问题。股份制改革的推行离不开产权的转让或交易。但当时有一些人对产权交易有疑虑，认为这将导致国有资产的流失。对产权交易的误解，既有认识上的原因，也与产权交易的不规范有关。

不可否认，我国的产权交易中曾经发生过一些使国有经济受损失的事件。例如，有的国有投资主体向非国有制投资主体转让了实物形态的资产（厂房、机器设备、甚至整个企业），而作为买者的非国有制投资主体却不遵守双方商定的付款期限，资金迟迟不付出，从而使国有投资主体遭受了损失。又如，根据交易规则，交易双方都应当诚实，不得有欺诈行为，但在国有投资主体同非国有制投资主体进行交易时，非国有制投资主体以欺骗手段，使转让实物资产的国有投资主体少得到货币，从而受到损失。于是，有人认为，产权交易的结果使国有经济吃了亏，不如禁止国有资产在市场上转让，甚至连协议转让也有人反对。

应当怎样对待产权交易中的这些问题呢？

通过讨论，终于明确了这一点，即产权交易过程中发生由于一方不遵守交易规则而使另一方遭受损失的现象，在商品交易过程中也会发生。以对外贸易为例，中方在同外方交易时，由于外方违约拖欠货款而使中方遭到损失的情形，不是没有发生过；由于外方不诚实，对中国进行了欺骗，而使中方遭到损失的情形，也不是没有发生过。难道我们能够因为发生了这些使中方遭到损失的事件而否定对外贸易的必要性吗？难道我们能够由此而拒绝再同外方进行商品交易吗？假定得出这样的结论，那是十分可笑的。对外贸易应照常进行，要从总体上考虑开展对外贸易的必要性。对于所遭受的损失要分清不同的情况加以处理，弄清楚责任应由谁承担。遭到损失的中方除了应从中汲取教训以外，还应当依法向违背交易规则的外方提出赔偿的要求，以弥补损失。

产权交易的情况与此相似。假定国有投资主体在产权交易过程中因作为交易另一方的非国有制投资主体违背交易规则而遭受了损失，那么，一方面应当从中汲取经验教训，以便改进工作，避免今后再受到类似的损失，另一方面应当依法向作为交易另一方的非国有制投资主体索取赔偿。这才是正确的对策。如果由于国有投资主体在产权交易中遭到了损失而对整个产权交易行为产生了误解，甚至主张停止国有投资主体同非国有投资主体之间的产权交易，那是不足取的。

在产权交易中，国有投资主体之所以遭到损失，还可能由于同产权交易有关的中介机构的行为不公正或工作严重失误。例如，资产评估机构和会计师事务所就是产权交易中的重要的中介机构。如果它们的行为不公正（如承担资产评估、验资或验证的中介机构提供虚假证明文件），从而使国有投资主体遭到了损失，或者它们的工作有严重失误（如承担资产评估、验资或验证的中介机构不负责任，提供了有重大遗漏的报告），从而使国有投资主体遭到了损失，那么在这些情况下，遭到了损失的国有投资主体应当依法控告这种行为不公正或工作有严重失误的中介机构，由法律来处罚它们。但不能因为发生了这类事件而否定国有经济中的产权交易，否定国有投资主体参加产权交易的必要性。

还应指出，在产权交易中，既可能有国有投资主体受损失的现象，也可能有非国有制投资主体受损失的现象。这两种现象都是应当防止的。假定由于发现了国有投资主体在产权交易中遭到损失，而得出应取消产权交易的论断，那么，如果发现了非国有制投资主体在产权交易中遭到损失，是不是也要得出取消产权交易的论断呢？按照这种逻辑，似乎只要交易双方中有一方吃了亏，就要取消产权交易，这怎么能做得到呢？

因此，我们惟有正确对待产权交易中所出现的问题，在发展、完善、规范产权交易的过程中予以逐步解决，才是应当实行的对策。一旦对产权交易的上述误解消除了，国有资产的盘活就有了可能。于是资源的优化配置、国有企业的产权重组和资本运营、产业结构调整也就可以大大加快。国有企业的改革只有在这种情况下才能取得越来越显著的效果。

还可以作进一步探讨。产权交易通常是一方出售，一方买进。这是资产从实物形态向货币形态的转换。如果国有企业的一部分资产，甚至整个国有企业，卖给私人投资者，那么这意味着国有经济的实物形态资产减少了，货币形态资产增加了，而私人经济中的货币形态资产则减少了，实物形态资产却增加了。只要是通过市场竞争而达成的产权交易，双方之中谁也没有受损失。在不同的资产形态中，实物形态往往被认为是基本的、最重要的。如果这种看法可以成立，那么国有投资主体向非国有制投资主体出让实物形态资产的结果，会不会使国有经济中的实物形态的国有资产越来越少，从而使国有经济削弱呢？关于这一点，应当采取动态的分析。这是因为：

首先，如果国有投资主体的实物形态资产是闲置的和不起作用的，而且正在磨损、耗蚀，那么不把它变换为货币形态，国有经济中的实物形态的资产不也是日益减少吗？国有经济不也在削弱吗？

其次，货币形态的资产对任何一个投资主体来说，都有一个适度的量，如果超过了这个界限，那么超额的货币形态的资产必定是暂时的资产形态，一遇到合适的机会，投资主体就会把它们再转换为实物形态的资产。一旦国有投资主体把货币形态的资产变为实物形态的资产之后，从数量上看，国有经济中的实物形态的资产数量不又增多了吗？

再次，在国有投资主体把货币用于增加新的实物形态的资产时，一定会考虑新的实物形态资产的使用效率，一定要使资产使用效率有所提高，这不正是国有经济的利益的增加吗？

由此看来，即使从实物形态的国有资产的角度来看，也得不出国有投资主体与非国有制投资主体之间的产权转让会使国有经济整体的利益受损失的论断。

也许有人会说，国有投资主体与非国有制投资主体之间的产权交易，主要是国有投资主体出让实物形态的资产，非国有制投资主体购入实物形态的资产，所以不管国有投资主体今后是不是把货币再用于增加新的实物形态的资产，反正非国有制投资主体持有的实物形态的资产的数量会越来越多，相对而言，国有投资主体持有的实物形态的资产将会减少，这难道对国有经济整体有利吗？这个问题实际上超越了产权交易讨论的范围，它涉及对非国有制经济和对私营经济的作用的评价问题。根据我国当前实际情况看，国民经济命脉的骨干企业仍然是国家控股的。因此，私人投资者持有的实物资产数量的增加不会动摇国有经济的主导地位。不仅如此，非国有制投资的扩大还有利于税收的增加、就业人数的增加以及向社会提供的产品与劳务的增加，而且还有利于国有经济的进一步改革和加强经营管理，这不都有利于社会主义社会吗？

四、银行债权变为企业的股权

把银行对企业拥有的一部分债权转变为银行对企业拥有的股权，是一举两利的事情。一个好处是：银行可以摆脱收不回贷款的困扰，在债权变股权之后可以较好地开展业务。另一个好处是：这将有助于企业的股份制改革，因为银行拥有股权以后，企业就可以按照股权分配状况而召开股东会，建立董事会，实行政企分开、自主经营、自负盈亏了。

但是这一改革却遇到了困难，尤其是下列困难阻碍着银行债权转变为股权。

1. 首先应当提到的是思想上的障碍。企业本来是国有国营的，如果要转为股份制企业，那就不能不把国有股份放在最重要的地位。假定把银行债权转变为股权，是不是意味着今后企业向银行借了钱就不用归还，只需把债务变为银行参股就行了呢？这样一来，金融秩序岂不是紊乱不堪了？这正是一些人的疑虑。

2. 有关银行业务范围的争论。这里有两种不同的想法：一是，严格地限制商业银行的业务，不许商业银行对非金融性企业投资；二是，比较宽松的态度，即容许商业银行对非金融性企业投资。如果按照前一种想法去做，那么银行债权就不可能转变为企业的股权。我国现行的法律是禁止商业银行对企业参股的，这是银行债权变股权的最大障碍。

3. 企业的情况千差万别，但是大体上有两类企业，一是负债累累、经济效益差的企业，二是虽有负债但经济效益较好的企业。假定这两类企业都欠下了银行的债务。前一类企业想把欠银行的钱变为银行参股，但是银行不愿意，因为这些企业的经济效益差，银行何苦作为股东而陷进去呢？后一类企业，银行既然认为企业的经济效益较好，那么即使不把银行的债权变为股权，企业仍有能力偿还银行贷款，因此，银行何必那么急于把债权变为股权呢？可见，银行无论对于前一类企业还是对于后一类企业，都缺乏把债权变为股权的主动性、积极性。

4. 从企业的前景来看，要把银行债权变为股权，必须选择适合改组为股份制的企业，必须使企业改为股份制之后有良好的发展前途。但这样的企业并不一定都愿意把欠银行的债务改为银行的股权，因为银行并没有现实的资本投入。他们宁可采取“挂账停息”的做法。“挂账停息”是指：账面上保留欠银行的债务，但是暂不支付利息。这些企业在改为股份制的过程中，更愿意其他投资者有新的资本投入，这样才有力量更新技术，取得更好的效益。因此，银行债权变为股权这种想法，在实行时不是那么容易的。

5. 最后，还应当注意到，银行毕竟是银行，银行不可能用存款来作为股份投资，银行也不可能把自有资本金的较大比例作为股份投资。如果银行愿意把一部分债权转为股权的话，必将受到银行自有资本金数额的限制。

以上所谈到的这些困难是实际存在的，但银行债权变为股权，在一部分企业中仍可以有所作为。总的说来，不要“一刀切”，不要“赶时髦”，不要急于求成，更不要作为一项指令性任务来完成。在操作过程中，银行既要选择企业，又要掌握银行直接投资的比例。绝不是任何企业都适宜把银行债权变为股权的。银行也绝不可能把所有的，甚至大部分的债权都变为股权。同时，在银行债权变为股权方面，一定要双方自愿，而不能采取行政命令的做法。

2002 年 4 月 10 日同北京大学光华管理学院研究生的谈话

通过发展和创新来解决前进中的问题，在我看来包含这样三层内容，这就是：集中力量把经济搞上去；实现经济和社会的协调发展；走可持续发展的道路。

经济运行警戒线与宏观调控

2003～2004 年之交中国经济是不是已经过热，正在成为经济学界争论的一个话题。与此密切有关的是，当前政府要不要采取制止经济过热的调控措施，如果需要采取这种措施的话，应该选择什么样的措施。

关于这些问题，有必要从非均衡条件下经济运行的警戒线说起。要知道，现阶段的中国经济是非均衡的经济。根据均衡理论，一切经济波动都可以被认为是非正常的，正常波动实际上并不存在。然而，在非均衡条件下，通常存在着一定的供求缺口，也就是说，一定的通货膨胀率和一定的失业率不可避免。所以政府调控必须从非均衡状况出发。当然，这并不是说无法以任何手段来消除供求缺口，而是说假如一定要消除非均衡经济中难以避免的缺口，那么很可能要为此付出更大的代价，使效率有更大的损失。

这表明，在非均衡条件下，就通货膨胀而言，绝不能认为零通货膨胀为最佳状态，甚至不能认为通货膨胀率越低越好。政府调控也不能以零通货膨胀作为目标。换言之，非均衡条件下，经济运行的警戒线不应该是一条零通货膨胀线。这里所说的经济运行的警戒线，也就是政府调控的依据。如果经济在警戒线以下运行，即使出现了一定的通货膨胀，政府不需要对之进行调控。只有经济运行在警戒线以上时，政府才需要根据具体的情况采取适当的调控措施，使经济运行降到警戒线以下。

非均衡条件下经济运行的警戒线的位置与正常短缺度有关。零通货膨胀线不是非均衡条件下经济运行的警戒线，警戒线在零通货膨胀率之上，警戒线与零通货膨胀线之间的距离就是正常短缺度。警戒线之上，则是非正常短缺度。假定经济运行越过了零通货膨胀线，但没有离开正常短缺范围，那么这样的经济波动就属于非均衡条件下的正常波动。

需要研究的是：现实生活中的正常短缺度大致是多少？经济运行的警戒线应当定在2% 或3% 的通货膨胀率，还是4%、5% 的通货膨胀率？

银行贷款增长幅度的大小，并不是经济在正常短缺范围内运行还是在非正常短缺范围内运行的同义语。关键在于贷款用于何处，以及贷款的效果如何，而这些又同贷款对象是否承担投资风险，是否通过改制而成为真正的市场主体有关。应当看到，在增加的银行贷款中，有一部分贷款是贷给出口企业的，因为出口退税仍然拖欠，惟有依靠贷款，这些从事出口业务的企业才能运转。有一部分贷款是为了拉动内需而贷给购房者和购置汽车的用户的。如果没有这部分贷款，2003 年的经济不会有较大的起色。还有一部分贷款是帮助高新技术产业发展和支持企业重大技术革新项目的，它们对产业的升级和新产品的开发起了重要作用。在2003 年资本市场不景气和直接融资困难的情况下，不能否认银行贷款增长的积极意义。何况，2003 年居民储蓄的增长也是明显的。所以，单纯以银行贷款的增长幅度这一总量指标作为判断经济运行正常还是不正常的依据，同样缺乏说服力。

还应当看到，中国经济目前正处于体制转轨和结构调整时期。在体制转轨和结构调整过程中，对贷款的需求是上升的。如果企业无法从资本市场上融到足够的资金，他们不找银行又能找谁？银行吸收了大量存款，不寻找好的贷款对象，难道宁肯买国债而不贷出去？只要经济还在正常短缺的范围内运行，有什么必要实行“急刹车”，转而采取偏紧的货币政策呢？

2003年的经济增长率超过了9%。从能源和原材料使用效率的角度看，如果不设法提高能源和原材料的使用效率，那么要继续保持这样高的经济增长率，能源和原材料供给必定日趋紧张。这一点是经济学界的共识。但我们不能单纯以经济增长率的高低来说明经济运行是正常还是不正常。经济增长率与经济中的短缺度不是一回事。区分经济的正常波动和非正常波动的标志在于经济运行是处于正常短缺的范围内还是处于非正常短缺的范围内。较低的经济增长率可能是在非正常短缺的条件下实现的，而较高的经济增长率也有可能处于正常短缺范围内。因此，如果以2003年经济增长率超过9%作为经济已经过热的理由，也是不正确的。

经济增长的质量比经济增长率更加重要。粗放型的经济增长，不顾环境，高能源消耗率，高原材料消耗率，使得高经济增长率必定难以为继。提高经济增长质量首先是指把粗放型的经济增长转变为集约型的经济增长，尽可能降低能源消耗率和原材料消耗率，注意环境质量，这样，即使经济增长率稍低一些也无关紧要。反之，如果继续实行粗放型的经济增长，哪怕经济增长率为零，还不是像上一年度一样消耗那么多的能源和原材料，一样损害环境？

这又涉及到调整投资结构的问题。也就是说，投资必须把重点放在有利于产业结构调整和产业升级的方面，放在有利于提高企业竞争力的技术改造方面，放在有利于带动适应于消费升级的部门。如果投资不往这方面倾斜的话，那么产业结构调整的速度将是较慢的，对经济增长不利。所以现在不是投资热不热的问题，而是结构调整问题，是技术改造问题，是走向集约型经济增长的问题。当然也要考虑需求的持续性和供给的持续性，这就要求支撑投资流向的信贷结构相应地进行调整。绝不能因为投资增长速度快了就要来个“一刀切”，采取一种紧缩信贷的措施，而是要控制那些会导致生产过剩的生产部门，这些部门的信贷规模要有所压缩；相反，对于那些能够带动消费升级和技术改造的部门要给予更多的信贷支持。因此，要根据具体情况，在信贷结构上做一些调整，该支持的支持，该压缩的压缩，同时还要注意调控的力度，单纯地看货币供应总量来控制信贷规模，是无法解决问题的，关键是要看信贷资金到底是用到哪些部门去了，效果怎样了。

要警惕经济过热，预防经济过热，这些提法无疑是正确的，正如人们时时刻刻要警惕火灾，预防火灾一样。但警惕经济过热，预防经济过热，不等于经济已经过热，不等于必须采取制止经济过热的宏观调控措施，正如警惕火灾，预防火灾不必要采取灭火措施一样。宏观调控中的相机抉择，在经济运行于警戒线以下，是备而不用的；只有在经济运行越过了警戒线，才需要根据偏离警戒线的情况而选择适当的对策：从微调到急刹车。在这里有必要再重复一句：非均衡条件下经济运行的警戒线绝不是零通货膨胀率。

还应当懂得，在体制转轨阶段，对于投资结构方面的问题，不能仅仅依赖于宏观调控措施。投资结构问题，更重要的是通过加快投融资体制的改革来解决。银行贷款中的效益不佳和不良资产的处置，更重要的是通过加快商业银行体制改革和完善信贷市场的竞争机制来解决，必要时还应借助于财政政策，例如针对某些投资过多的行业实行差别税率。单纯缩减货币供应未必是理想的选择。

2004 年 3 月 18 日同北京大学光华管理学院研究生的谈话

通过发展和创新来解决前进中的问题

一

全面建设小康社会，是以发展先进生产力作为物质基础的。发展是党执政兴国的第一要务。我国原来的生产力落后，建国以后，特别是改革开放以后，我们把集中力量搞好经济建设作为中心任务，因为只有经济建设取得了成效，先进生产力得到了发展，我们才能使经济持续保持高速增长，在进入新世纪时人均国内生产总值才能达到小康水平。今后我们仍然必须坚持“发展才是硬道理”的思想，朝着全面建设小康社会的目标走去。而且只有大力发展生产力，才能巩固目前已经达到的小康水平，并不断提高小康水平。

全面建设小康社会意味着人的全面发展。我们不但要着眼于人均国内生产总值的继续提高，还要着眼于人的素质的提高，我们要为满足人民在物质和文化生活方面日益增长的需求而不懈努力。为此，在发展先进生产力的同时，必须繁荣先进文化。人的全面发展，就包括了对先进文化的吸收和人的素质的提高。全面建设小康社会中的“全面”二字，就是指从物质上和文化上都实现建设小康社会的目标，达到小康社会的标准。

全面建设小康社会，符合人民的根本利益。革命和建设的目的是让全体人民共同富裕。尽管共同富裕并不意味着“一刀切”，而且客观上也不可能使所有的人同步进入富裕的行列，共同富裕总是通过越来越多的人富裕起来而逐步实现的，但走向共同富裕这一目标则始终不变。改革开放二十年来，我们这么做了，今后仍然要这样做。

然而我们也必须看到，目前达到的小康依然是低水平的、发展很不平衡的小康。我们前进中遇到的困难和问题还很多，包括城乡二元经济结构还没有改变，地区差距扩大的趋势尚未扭转，贫困人口还为数不少，下岗失业人员的生活仍相当困难，环境和资源方面的压力也越来越大。在实践“三个代表”思想，全面建设小康社会的过程中，当前我们应当以共同富裕为目标，逐步解决前进中的问题，在人均收入水平普遍上升的同时，要扩大中等收入者的比重，提高低收入者的收入水平，这是保证我国经济持续增长的重要措施。

通过发展和创新来解决前进中的问题，在我看来包含这样三层内容，这就是：集中力量把经济搞上去；实现经济和社会的协调发展；走可持续发展的道路。

二

首先，必须集中力量把经济搞上去。我国是一个发展中的社会主义国家，同世界上的发达国家相比，在经济实力上还存在一定的差距。如果用人均国内生产总值来比较，那么同发达国家的差距就更大了，而一个国家的强盛与否、人民的富裕与否、科技水平的高低，全部都归结为经济实力的大小。不首先把经济搞上去，经济实力同发达国家的差距就不会缩小，全面建设小康社会也缺乏相应的经济基础。换言之，只有集中力量把经济搞上去，才能增强经济实力，发挥社会主义制度的优越性，使人民的物质文化生活水平不断提高。

当前我们面临的前进中的问题，一是就业压力大，二是农民收入增长较慢。怎样才能不断缓解就业压力呢？要靠发展，使经济增长率高一些。要知道，新的就业岗位是在经济增长中产生的：第三产业之所以能多吸纳就业者，是因为人民的收入水平将伴随着经济发展而上升，从而人民的消费支出总额将增长，消费结构将相应地发生变化，第三产业也就自然增加了就业人数。要使农民收入增长速度加快，必须提高农产品质量，改良品种，增加适销对路的农产品的单位面积产量。可见，农民收入的增长归根到底仍有赖于发展。

还应当认识到，财政收入同经济之间存在着相互依存、相互带动的关系。只有集中力量把经济搞上去，财政收入才能稳步增长。我国前进中的许多问题，不能离开国家投资来解决。例如，基础设施的投资，国家占主要地位。有了国家为主的基础设施投资，西部开发就能加快，农田水利工程建设就能有资金的保证，这不正是缓解待开发地区的就业压力，提高农民收入，特别是西部广大地区农民收入必不可少的吗！

三

其次，要实现经济和社会的协调发展。这并不是说经济和社会的协调发展居于次要的地位，而是指这是从较深的层次来考察发展问题而必然得出的结论。发展首先体现于国内生产总值的增长，但绝不是单纯的国内生产总值的增长。发展这个执政兴国的第一要务应当落实到先进生产力的发展、先进文化的发展上，落实到最广大人民的根本利益的实现。最广大人民的根本利益的实现，既是我们革命的目的，也是建设的目的；既是经济发展的目的，也是社会进步的目的。应当承认，现阶段我国在经济和社会协调发展方面正面临着若干新问题，例如，地区收入差距较大、城乡差距较大、不同职业群体的人均收入差距较大，文化、教育、卫生、社会保险事业的发展不能满足人们的要求，等等。所有这些前进中的问题都需要通过深化体制改革，通过发展的办法来解决。经济和社会能不能协调发展，地区收入差距 、城乡差距、不同职业群体的人均收入差距问题能不能逐步解决，关系到社会的稳定与否。因此，改革、发展、稳定三者的关系在这里充分表现出来了。实现经济和社会的协调发展，正是正确处理改革、发展、稳定的思想的体现。进一步说，经济和社会的协调发展包括了社会主义物质文明、政治文明和精神文明的协调发展，包括了人的全面发展。在社会主义的条件下，物质文明的发展是基础，而政治文明和精神文明的发展为物质文明的发展提供政治、法律、思想、人才等方面的保证，这样才能真正实现经济和社会的协调发展。而人的全面发展则是社会主义社会的本质要求。人的素质的提高和智力的充分发挥，必将不断推动先进生产力和先进文化的实现。

以前我曾多次讲过，现阶段我国的收入分配处于两难境地。这是因为，一方面，沿海地区发展比较慢，城市人口收入增长多，农村人口收入增加缓慢。这样，沿海和内地的差别，城市和农村的差别，还有高收入者和低收入者之间的差别自然就扩大了。贫富差距扩大的趋势不设法扭转，会影响社会安定。但这个问题在一定时间内又是难以避免的，因为一部分人先富起来，收入就不可能同步增长。另一方面，外资在进入，沿海经济在发展，外资企业在挖人，沿海也从内地挖人。现在，低工资还能把高素质的人才留在企业里面吗？留不住了。还有，中国需要大力发展高新科技产业，因此应当鼓励创业投资。这些投资者将得到创业利润，他们的收入会较快上升。再说，当前为了活跃各地经济、扩大就业，必须发展民营经济，民营经济已经成为国民经济的一个重要组成部分，而民营经济的发展又增加了高收入者的收入。于是，难题就出现了。只有采用激励机制，给高素质的人才以股权和高工资，才能留住他们。为了发展创业投资，必须使投资者有创业利润，没有创业利润，谁也不愿搞创业投资。要鼓励民营经济发展，应该让民营经济的财富积累起来，民间投资者的收入要增加，这样他们才愿意继续投资。以上就是我所说的两难境地：一方面，贫富差距扩大，会影响社会安定；一方面，不运用激励机制，不给创业者以创业利润，不鼓励民营经济的发展，经济就上不去。因此，必须在二者之间找出一条均衡发展的道路。城乡协调发展、经济和社会的协调发展，就是实现均衡发展的主要条件。

四

第三个层次是走可持续发展道路。可持续发展是适应于时代要求的发展观，要点是维持人与自然界的和谐发展。环境是人类生存的条件，资源是人类的共同财富。“先发展，后治理”的模式已经给人类造成严重后果，使环境被破坏，资源被耗竭，甚至使居民的健康恶化和生命丧失，这些损失都是难以弥补的。因此，在汲取世界上某些国家发展中的教训和总结我国过去数十年发展的经验的基础上，一定要走可持续发展道路，包括治理已被污染的江河湖泊，推广清洁生产，对重点区域和流域进行综合开发整治，节约资源，开发利用新资源和可再生资源，大面积造林等。这不仅是有利于经济持续增长、有利于尽快消除贫困和防治自然灾害的大事，而且是造福子孙后代的大事。当前我们在环境和资源方面所遇到的新问题，也只有在发展中才能解决。集中力量把经济搞上去，为保持环境和提高资源利用效率，开发利用新能源创造了物质条件。走可持续发展道路，就能促进人与自然界的和谐，保证经济、社会、环境的协调发展。

这里不妨以国土资源的管理和利用为例。国土资源的管理和利用是关系到我国经济和社会的可持续发展，关系到如何实现全面建设小康社会这一宏伟目标的大事。在新的历史时期，我们必须研究怎样才能做到国土资源工作的开发和保护并举，怎样才能最大限度地发挥资源的经济效益、社会效益和环境效益，以及怎样建立健全的、适应可持续发展要求的资源调查评价体系、法律体系、规划体系、科技创新体系和行政管理体系。经济学研究者在这些方面是可以发挥自己的作用的。为什么？因为制度创新、制度因素的重要性在国土资源管理和利用领域内充分体现出来了。也就是说，经济学研究者如果不把新时期的国土资源管理和利用问题放在制度变革、制度创新的框架内进行探讨，也就无法真正解决全面建设小康社会过程中的国土资源的供求问题。

当然，国土资源问题有自身的特殊性。这种特殊性具体表现在两个方面：一是资源供给的有限性，二是市场机制的局限性。从经济学的角度看，任何资源都不是无限供给的，而土地、矿产资源供给的有限性则更为突出。土地、矿产资源的稀缺程度要大大超过人们目前所关心的水资源和森林资源。水资源可以通过丰水地区向缺水地区的调剂来缓解，可以通过水污染的治理来增加洁净水供给的数量，将来还有可能依靠先进的科学技术来提供淡化的水。森林资源减少了，可以通过人工种植、封山育林等途径来增加资源存量。假定可耕地和牧场不仅退化，而且面积越来越小，沙漠和沙化面积越来越大，我们该怎么办？难道我们再干出

“填湖造田”之类的傻事吗？国土资源供给的有限性使我们必须在保护好现有资源、管理和利用好现有资源的前提下进行经济建设。至于市场机制的局限性，同样是国土资源管理和利用中应当关注的问题，这主要反映在国土资源使用单位和个人的效益和社会效益之间的矛盾难以完全依靠市场机制来解决。

进一步考察还可以发现，国土资源使用过程中的矛盾既存在于使用单位和个人同公众之间的关系方面，也存在于这一代人的利益同下一代人或以后若干代人的利益协调方面。研究国土资源利用中的效率和公平问题，不能置公众利益于不顾，置下一代人或以后若干代人的利益于不顾。市场的缺陷，或市场机制的局限性，充分暴露于此。

从可持续发展的角度看，我们遇到一个新问题，即中国在现代化道路能不能绕开“重化工”阶段？看来是绕不过去的，因为我们是一个有 13 亿人口的大国，要建立自己的工业体系。“重化工”阶段绕不开，但在发展“重化工”方面，技术可以跳跃式前进。可以通过技术创新，尽量减少资源消耗率，减少对环境的污染。

所有这些问题都值得我们探讨。只有通过发展，通过创新，才能使前进中所遇到的问题得以解决。最后，我想重复一遍我一再强调的观点：希望经济学研究者在自己的研究工作中，就可持续发展问题，着重探讨制度变革、制度创新对资源、环境、人口、资本和技术等影响可持续发展的因素的作用，进一步阐述制度因素的重要性。

2003 年 10 月 6 日同北京大学光华管理学院研究生的谈话

对当前中国物价上涨和失业问题的一些看法

从最近一年的情况看，中国经济大体上是稳定运行的。不能认为目前已经是经济过热。

有人说：现在的问题不是讨论经济是不是过热，而是怎样制止经济过热问题。这种说法是不妥的。什么叫过热？应当先把定义弄清楚。不妨讲一个故事。烟囱坏了，两个工人爬到烟囱里面去修理，不久，两人出来了。一个人脸上比较脏，另一个人脸上不太脏。周围的人群中有一个人问道："你们猜，他们两人当中，谁先去洗脸？"周围一个人抢先回答："是那个脸上比较脏的工人。"但是第二个人回答说："不对，因为人看不到自己的脸，只能看见对方的脸。脸上比较脏的那个人看到对方的脸不太脏，认为自己也那样，所以不急着去洗脸。而那个脸上不太脏的人一看对方的脸比较脏，认为自己也那样，就会马上去洗脸。"这时，周围的第三个人出来说话了。他说："先要弄清楚脏的定义。如果'比较脏'还不算'脏'，那么两个工人都不急于去洗脸。如果'不太脏'也算是'脏'，那么两个人就都会去洗脸。"这个故事告诉我们，在讨论经济是否过热时，应当先弄清楚什么叫"经济过热"？定义何在？

让我们看一看2004年第一季度的情况。许多产品仍然供大于求，尤其是居民消费需求仍未转旺。投资领域出现的过热问题是局部问题，而且带有结构性，即主要在某些行业投资过多，所以不能把这种情况笼统地称为经济过热。局部问题和结构问题并不需要政府从总量上采取"急刹车"、"一刀切"之类的措施，而只需要微调并采取结构性的对策，因为宏观经济仍在正常运行。历史经验已经清楚地告诉我们，"急刹车"、"一刀切"的后遗症太大，而且这种后遗症并不是短期内就能消除的。

应该看到，造成2003年四季度和2004年以来的物价上涨主要有四个因素。

一是国际传递因素。目前世界经济形势看好，出现了国际原材料价格上扬、能源供应紧缺和交通运输紧张等情况，对我们这样一个对原材料和能源等进口货物依赖比重很大的国家来讲，这是不利的。由于受到国际物价上涨因素传递的影响，中国的信贷也应该做相应的结构调整。也就是说，一般性的信贷紧缩无法制止这一因素的影响，我们需要做的是加强对某些原材料生产部门，以及从事节约原材料与能源的技术设备部门的投资与信贷，从根本上考虑如何减少中国对原材料和石油等产品的外贸依存度。我早在20世纪80年代中期出版的《社会主义政治经济学》一书中就说过，中国是一个基本内向型的开放经济的国家。① 在关键性原材料和燃料方面过高的外贸依存度不利于中国经济的健康发展，现在我仍坚持这一观点。为此，必须增加对技术进步的

① 参见厉以宁：《社会主义政治经济学》，商务印书馆1986年版，第479～480页。

投资和对过分依赖进口的原材料燃料生产部门的投资。必要的信贷支持有助于达到这一目标。

二是农产品减产因素。由于过去耕地面积控制不严和保护不力，同时还受到自然灾害的影响，比如，2003 年有比较严重的自然灾害，因此导致农产品减产。这种原因所造成的物价上涨不能靠压缩信贷来解决，只能靠调整信贷结构或增加对农业的信贷规模来解决，比如说，帮助农民得到信贷支持来增加农产品产量。与此同时，还要采用一些非经济的手段来解决这一问题，如严格审批耕地用途，制止滥占耕地。对于滥占耕地的情况，必须采取果断措施。目前国内已经出现一些既无土地，又无职业，也没有生活保障的农民。这是一个不容忽视的社会问题，要采取果断的措施来解决。

三是结构不协调的影响。结构调整是近年来面临的一项艰巨任务。在结构调整过程中，不同部门的协调是一个很现实的问题。特别是在经济增长较快的过程中，原来短缺的部门可能更加短缺，瓶颈制约的因素会更加突出，例如电力紧张、能源紧张、交通运输紧张等等。对这些问题要通过结构调整来解决，而结构调整要求信贷结构也做出相应的调整：对那些瓶颈部门应视其可持续发展情况增加信贷，对导致生产过剩的部门要压缩信贷，总之，不能采取“一刀切”的办法。需要进一步研究的是：如何解决瓶颈束缚问题？看来，除了信贷结构调整之外，还必须鼓励非公有经济进入这些部门。短缺的部门中，有一些长期由国家垄断经营，非公有资本不能进入。这种限制非公有资本进入的旧规定，应当作一次大清理。仅有方向性的政策指引是不够的，关键要有具体的政策规定和配套措施。

四是投资需求的带动。事实上，造成一段时间以来物价上涨的因素与投资需求的带动有关。这里，的确出现了一些盲目建设的现象，导致某些行业、某些地方的“局部过热”。但对这个问题也必须采取“双管齐下”的办法来解决。一方面，要加快投融资体制改革和企业改制，另一方面，要调整信贷规模和信贷方向，以防止某些局部过热的蔓延。但这里有一个重要的问题，即一些地方出现的盲目建设同地方政府片面地追求所谓“政绩”的行为有关，而信贷的失控也与此密切相关。所以要制止由此引起的局部性的投资过热现象，某些地方政府的“政绩观”必须端正，否则，即使制止了这一盲目建设项目，也不能防止另一盲目建设项目的再现。

根据上面所说的情况，可以得出一个重要的结论：“不急刹车”，“不一刀切”，而是要实行信贷结构调整。首先是“不急刹车”。现在主要的问题是结构问题，而且还存在着消费不足的问题。“急刹车”不但解决不了问题，更会使问题复杂化。其次是“不一刀切”。既然是结构问题，那就需要根据不同的行业、不同部门的具体情况，采取不同的办法，有些部门，该扶持的就要扶持，有些部门，该压缩的就要压缩。

关于现阶段中国的失业问题，必须认识到，中国经济正在由计划体制转向市场体制，在这一过程中，过去长期存在的隐蔽失业的公开化，是难以避免的。这包括：

1. 农民离开了本乡本土，外出寻找工作而未能找到工作，但又不愿回农村。他们没有收入。这种失业属于隐蔽失业的公开化。

2. 国有企业中原来就人浮于事，不少人本来就处于隐蔽失业状态。后来由于这些国有企业亏损而关闭、破产，工人失去了工作，从而也就失去了收入来源。或者，国有企业经营不善，虽未关闭、破产，工人仍然留在企业中，有名义上的职务，但却领不到工资，这可以被看成是隐蔽失业公开化的另一种形式。

要知道，企业破产，无非是生产要素重新组合的开始。就是说，厂房还在，设备还在，人员还在，只是过去那种组合方式不行了，要换一种方式来组合。所以，工人在一段时期之内就没有工作，但是经过培训，可以到其他单位工作。经济发展以后，就业机会多了，是可以找到工作的。假如害怕这个阵痛，问题一直拖下去，那么企业的经济效益就永远上不去。因此，一段时间内隐蔽失业的公开化而导致的失业人数增加是必然的，也是可以理解的。

当然，在现阶段的中国，除了隐蔽失业的公开化而外，还存在新增失业者，包括已达到就业年龄的城镇青年，已经毕业于大学、大专和中专学校，但未能就业的人。这主要靠经济增长来吸收，因为新的就业岗位是在经济增长中涌现的。没有 GDP 的增长和居民收入的增长以及随之而来的居民消费结构的变化，就不可能涌现众多的就业机会。

任何社会对失业的承受力都有一个“度”。而且，全国对失业的承受力的“度”，同每一个城市或省份对当地失业率承受力的“度”，并不是一样的。要根据各地的具体情况，掌握分寸，掌握这个“度”，不然的话，社会安定就难以保证了。

失业的社会承受力主要取决于三个因素：

第一，取决于失业的社会保障制度的完善程度。如果失业的社会保障制度比较完善，失业的社会承受力就比较大，反之，就比较小。

第二，取决于家庭抚养系数的大小。家庭抚养系数是指每一个就业者所抚养的人口数。家庭抚养系数越大，社会对失业的承受力就越小。

第三，取决于生活费的上涨率。如果生活费上涨较快，上涨幅度较大，失业的社会承受力就较小，反之，就比较大。

依靠政府大量投资是可以减少失业的。如果连续扩大政府投资，造成财政赤字不断上升，失业虽会减少，但很可能导致新一轮通货膨胀的发生。因此，这种做法只能暂时起作用，不能长期

实行。多年来国内外经济学界一直在探讨这样一个问题：能不能找到不发生通货膨胀（或者只有轻微的通货膨胀）条件下消除或大幅度减少社会失业人数的对策？

针对我国的情况而言，比较有效的对策可以由以下三方面的措施所组成，它们是：

1. 就业渠道多样化。这是指：主要依靠制度创新来解决社会就业问题，即依靠企业兼并与资产重组，建成多元投资主体的市场主体，在发展过程中吸收劳动力；发展家庭农场、家庭牧场、家庭养殖场，容许雇工经营；发展私营经济，容许私营企业增加雇工；鼓励失业人员自谋职业，包括独立经营，成为个体经营户；鼓励大学毕业生自行创业等。这里所说到的“鼓励”，应落实到可行的优惠措施上。

2. 结构调整。这是指：加快各种服务业的发展，尤其是城乡社区服务的发展；推进小城镇的建设；鼓励城乡投资者从事治山、治沙、治理荒滩、植树造林、养殖等工作，以增加就业机会。

3. 提高劳动力素质。这是指：通过多种方式培训准备就业的人员，提高他们的文化技术水平。这既可以使生产效率增加，也能缓解经济技术发展过程中的熟练劳动力供给不足问题。当前中国缺少熟练技术工人，这方面的人才的不足已经影响到某些行业的正常发展。高级技术专家可以从国外引进，难道为数众多的熟练技术工人也要从国外引进？这是办不到的。所以我们一定要把培养熟练技术工人作为一项迫切的任务。

2004年5月30日在中国人民大学的讲话稿

中国经济“怕冷不怕热”

2003 年刚过去，2004 年已经开始。我想在这里谈一谈当前的宏观经济形势。

当前经济是否过热，学术界现在有三种观点：

第一种观点：目前经济已经过热。

第二种观点：经济没有过热，但投资过热了。

第三种观点：经济大体上稳定。经济运行基本上还是正常的。

对这三种观点应该怎么看呢？应该说，第三种观点是正确的。不能说现在经济过热，也不能够说现在是投资过热，而应该说我们的经济运行是平稳的，至于一部分行业投资中出现的问题，需要做具体分析。

一

有人认为当前贷款增长过快。贷款增长快是事实，同比增长多出一万多亿元贷款。究竟怎么看待这个问题？我们说，贷款快并不是当前的主要问题，因为有几种情况需要加以说明。

1. 应该看到我们现在正处在结构调整和体制转轨时期。在结构调整和体制转轨时期，对贷款的需求量是上升的。

2. 国家出口退税仍有拖欠。怎么办呢？国家并没有立即退税给企业，以后慢慢退，企业要活下去，这就必须增加银行贷款。所以银行贷款中有不少是因为出口退税没有退而贷出去的。

3. 2003 年带动经济的重要因素之一是房产销售和汽车销售，而房产销售和汽车销售主要靠消费信贷实现，否则在“非典”后经济不可能被迅速带动起来。

4. 在目前情况下，“贷款难”和“难贷款”两种现象是并存的。银行考虑什么样的款可以贷，什么样的款不可以贷，所以贷款很慎重。而有些企业就说，我们想贷款但很难贷到款。所以这两种情况并存。

5. 尽管贷款同比增长了，可是居民的储蓄存款也增长了，现在人民币的储蓄存款还在增加，大量的钱还往银行里存。所以对贷款的增长，需要引起注意，但不必过于担心。

二

有人说，经济过热的表现之一是现在各地投资建钢厂很多。事实是，钢产量 2003 年大约 2.3 亿吨，可是钢的需求量大约是 2.6 亿~2.7 亿吨，还有 3000 多万吨的缺口。所以建钢厂是跟国内的需求相适应的。与其进口钢材，不如新建钢厂。不能说投资者的这种想法没有道理，但一要考虑由此造成的生产资料供应紧张和价格上升，二要考虑钢材结构是否协调。在钢材结构方面一定要严格控制，因为生产的钢材既有过剩，也有不足，这是品种结构问题。更主要的是：新建的钢厂是不是真正自负盈亏，假如损失由自己承担，投资者一定在品种结构上有所考虑，而不会盲目投资。

还要看到消费的升级。过去的消费主要是在满足温饱方面，现在消费正在升级，2003 年消费增长最快的是房屋消费、汽车消费和通讯工具消费，此外家庭对教育的投资也在加大。看来消费需求增长是不可阻挡的。但现在很多消费品仍在积压，比如日用消费品、服装、家用电器，市场还没有打开。彩电，全国来说普及率大约只有 50% 多一点。城市近郊的农村可能用上了彩电，而广大的农村彩电市场仍有待开发。我们刚刚摆脱了通货紧缩，不能说一摆脱通货紧缩现在经济就过热了，不是这个情况。刚摆脱通货紧缩马上就要刹车，不符合实际。我的看法是：具体问题具体分析，要研究有针对性的对策。

同样应该看到，电力目前是严重短缺，这跟过去几年的政策失误有很大的关系。因为过去的政策是近期内不建电厂，认为中国的电已经过剩了。没有想到，中国经济刚刚开始复苏，就有 22 个省拉闸限电。电是短缺的，所以必须建电厂。而电厂的建设周期很长：建一个水电站要 7 ~ 8 年，建一个火电站 3 ~ 5 年。电这样短缺，那就表明了加大电力方面的投资是正常现象。

三

迄今为止，就业压力仍然相当大。到现在为止，下岗失业人数大约是 1400 万，估计 2004 年新增长的劳动力寻找就业机会的，仅是城镇就要增加 1000 万人。怎么缓解当前的就业问题？假定经济冷了、紧缩了，那就不得了。不妨以 2003 年为例。4 ~ 6 月这 3 个月是“非典”时期，这 3 个月经济稍微冷一冷，很多问题都出现了，其中就包括就业问题。

总之，可以看到，目前说经济过热，不符合实际。说投资过热，也不完全正确，因为投资主要是结构问题，关键在于新增的投资是不是由自负盈亏的投资者所投的。积极财政政策还会继续

使用。积极财政政策就是，国家有一定的财政赤字，要靠发国债作为政府的投资，拉动经济的增长，因为民间投资尚未启动或刚开始启动，要继续扩大内需。

根据二十多年来中国经济发展和改革的经验，过冷、过热都是不利于中国经济的，都是有害的。如果不是过冷也不是过热，那么在当前的情况下，应该说，中国经济是“怕冷不怕热”。经济一冷，什么问题都会发生；稍微热一点，没有太大的影响。还可以这么说，当前还不是热。经济增长9%，大体是正常的。

中国经济的一个特征是，跟开汽车一样，刹车容易启动难。刹车很容易，应付“热”有办法：信贷一紧缩，财政一压缩，马上“热”就下来了，对此，我们是有经验的，而且政府在这方面是主动的。但经济如果冷了，要想启动，就难了。因为冷的结果是失业增多。于是老百姓就不愿意多花钱，他们要留一手，以备自己万一也遇到了失业。他们不买东西，把钱存入银行，甚至放在床底下，市场上的东西销不掉，政府一点办法都没有。

积极财政政策虽然仍在继续使用，但根据现在的情况，重点应该逐步转移，重点转移到哪些方面呢？大体上是：

第一，要加大东北老工业基地改造的力度。东北原来的基础好，但设备陈旧了，要利用积极财政政策，在东北老工业基地的技术改造和设备更新方面加大投资。

第二，重点工程一定要保证。如南水北调、淮河治理，都是重大工程。再如青藏铁路已经在修了，这个工程不一定在经济上有多大作用，首先是从政治上考虑。所以在重大工程上要继续投资。

第三，对文化、教育、卫生的投资要加大。特别是农村教育和公共卫生体系的建设，需要花钱。

第四，投资于可持续发展、生态建设。

所以在目前情况下，一段时间内继续实行积极财政政策是对的。以后可以转向中性财政政策。

四

2004 年的经济会怎样？既然目前经济大体上是稳定的，政策应该保持连续性，所以不会有大的政策变动。至于说重大的方针，在党的十六届三中全会上已经讲得很清楚了。看来，2004 年经济可以保持较高的增长率，原因在于以下几点：

1. 有投资的惯性。积极财政政策继续实行，投资的惯性很大。

2. 消费升级趋势还在升温，会保持旺盛的势头。

3. 科技产业已经开始发挥重要作用。2003 年的出口中，高新技术产品的出口已经占到 1/4，高新技术带动了经济的发展。特别是高新技术跟传统产业结合起来，帮助传统产业技术改造，就能保持经济增长。

4. 民间投资开始活跃起来。党的十六届三中全会的决定讲得非常清楚。关于民营经济，有三个重要的提法。

第一，凡是法律没有禁止的领域，民营企业都可以进入。

第二，在税收、金融、外贸、土地使用方面，不管是什么所有制形式的企业（国有的，混合经济的，还是纯粹民营的），都应处于平等的地位上。

第三，鼓励有条件的民营企业做大做强。过去只说鼓励国有企业做大做强，现在谈到要鼓励有条件的民营企业做大做强，这就给民营企业很大的支持，民间投资当前有很好的发展机遇。

五

出口形势怎样？出口贸易增长很快，但要看到困难的存在。困难主要在以下三个方面：

1. 世界经济情况在好转，世界经济的增长率预计可以达到3%～4%。这直接影响到原材料价格上升。这对于我们这样一个原材料不足、需要进口的国家来说，成本当然会提高。我们的铁矿石一半需要进口，石油每年进口 8000 万吨，以后可能要更多。铝原料也有一半需要进口。原材料价格上升对我们不利。世界经济情况好转，连运输都感到紧张，租船也很难，这对出口非常不利。

2. 出口退税的税率平均下调 3 个百分点。出口退税是为了鼓励企业的出口，尽管有欠税，但是答应退税了，迟早要退的，而且可以用银行贷款给企业，这个影响不会太大。但出口退税税率下降 3 个百分点，对企业就不利了。所以很多从事出口贸易的企业最近在研究出口退税税率下降后该怎么办。总的看法是：一定要提高效率，消化这一差额。

3. 美国 2004 年是大选年，受到国内利益集团的影响，中美之间贸易摩擦可能增加。比如，在这个产品上，他跟你找麻烦，在那个产品上，又跟你过不去。这完全是有可能的。尽管 2003 年在一些出口产品上遇到了问题，但经过交涉以后，还是我们胜利了，比如打火机的出口。但估计 2004 年麻烦还要多。因此，从事对外贸易的企业要及时做好准备：

第一，贸易的对象、贸易的地区要多元化，别老瞅准了美国、日本、欧盟，很多地区的市场要继续打开，比如东欧、俄罗斯，还有拉美、非洲。要想办法创造多元的贸易伙伴。

第二，要想办法使得成本进一步降低。

第三，现在我们对外贸易最缺的是这样三个方面：缺少品牌（我们的品牌意识不强，缺乏名牌）；缺少完善的市场营销的网络（品牌不强，市场营销的网络又不够，怎样开展业务?）；缺少主动性。什么叫缺少主动性？就是说，我们一向是被动做生意，靠订单。外国来跟你谈，下订单，就有生意，不下订单，你就得找啊，光靠人家给你下订单，不行。

所以，从事外贸的企业应该注意到，尽管有困难，假定在以上三方面做出努力，包括贸易地区和贸易对象多元化，提高效率，降低成本，建立品牌意识，建立市场营销网络，并且走出去，主动去找买家，而不是被动地等订单，这样出口贸易的困难是可以克服的。

六

农村市场是一个潜在的大市场，关键是农村市场的开拓。国家在新的一年中对农村市场是注意的。比如说，对农村的文化、教育、公共卫生的投资会有所增加。但这跟开拓农村市场的距离还比较远，因为农村的教育和卫生建设不一定那么快就见成效。国家最近采取一些扩大农村市场的措施，例如取消农业特产税，而且农业税要降低一个百分点。现在农村税收改革正在进行。要知道，农民交税跟工商企业不一样。农民按照什么交税？按照收入货币化计算。比如说，我生产多少粮食，能卖多少钱，这是收入货币化。但是有好多收入不是货币收入。我砍多少柴，自己烧了，鸡下了蛋，家里吃掉了。这都要折成货币收入，要根据货币收入来交税。而且同城市里的个人纳税不同。个人所得税的征收有起征点。农民纳税，是全额计算的。农民没有那么多现金收入，税率却是很高的。农业税是7%，再加上20%的附加，就是8.4%。但有些地区农民要交的税率费加在一起，高达收入的百分之十几。农民怎么负担得起？现在国家决定，凡是超过8.4%的，通通要取消，而且这8.4%，每年要下降一个百分点，连续下降好几年，这样，农民就减轻了负担，农村市场前景是看好的。

另外，西部，现在有西部开发的政策。东北，有老工业基地改造的政策。苦就苦在中部。中部的省份说，我既不是东北，又不能享受到西部优待，“不东不西”，难办。国家最近决定，对主要产粮区要给农民补贴，这个政策主要是适用于中部的，因为中国主要的产粮区在中部，包括湖南、湖北、河南、安徽、江西这几个省。对主产粮区给补贴，而且直接给农民补贴，这对开拓农村市场有好处。

此外，对农村金融，国家决定加大支持力度，要扶植农村信用社，对它的呆坏账，国家要专项处理。现在国家扩大了银行贷款利率的浮动，1 年期的贷款基础利率大概是 5.3%，可以上下浮动。在农村信用社，最高可以上浮到 10.6%，农村信用社就可以向农民和农村小企业发放贷款了。如果农民没法从信用社借到钱，他就要向放高利贷的人借，而高利贷利率至少是 30%，有的还要高。所以这样一改，让农民能贷款，是有好处的。一般的城市信用社和城市商业银行，也可以最高浮动到 9% 以上，这对中小型民营企业同样有好处，因为它们现在借不到钱。利率提高了，银行就会想办法来扩大放款业务。

我以上所讲的这些，对中国企业投资协会的会员来说，有两方面的意义。

第一，中国企业投资协会愿意用协会的力量帮助企业进行投资咨询，特别是对那些民营企业，因为民营企业自己没有力量来研究各行各业的市场，可以找中国企业投资协会来咨询。2003 年，我们已经编了《中国企业投资分析报告》。[①] 协会最近决定，这个报告将继续编下去，每年都要编，这就给企业投资一个参考。

第二，为了帮助企业投资，协会之下成立了两个专业委员

---

① 甘子玉、厉以宁主编：《中国企业投资分析报告（2003 年）》，经济科学出版社 2003 年版。

会，一个是金融专业委员会，一个是文化、教育、卫生方面的专业委员会。两个专业委员会各自聚集了一批专家，不仅从事研究，而且将帮助协会会员开展工作。

2004 年 1 月 10 日在中国企业投资协会的讲话

人均 GDP 达到 1000 美元对发展中国家的意义

从发展中国家的情况看，人均 GDP 达到 1000 美元是一个具有关键意义的路标。近几十年来，发展中国家中提供了两类不同的例子。一是新加坡、韩国，人均 GDP 上 1000 美元这个台阶之后，经济迅速增长，很快越过了 2000 美元、4000 美元、8000 美元……。另一类是拉丁美洲的某些国家，人均 GDP 越过 1000 美元之后，长期徘徊不前，老是在 1000 美元与 2000 或 3000 美元之间打转，很难再有大的突破。

为什么会出现两种不同的情况，一定要了解人均 GDP 达到 1000 美元的含义。可以从以下四个方面来分析。

第一，发展中国家人均 GDP 在 1000 美元以下时，是有一些竞争优势的，但人均 GDP 提高后，劳动力成本低廉、土地价格低廉之类的竞争优势正在逐渐丧失，竞争力就会降低，国外资本不愿进入，出口也困难。因此，为了保证竞争优势，有些部门必须尽早地进行技术创新和产业升级，提高自己的知识与技术的密集度，使企业拥有自主知识产权，这样才能够保持持续竞争力。随着过去长期依靠劳动力成本低廉的竞争优势的逐渐弱化，结构调整势在必然。有些报纸上说中国现在已经成为世界工厂了，对这种说法，要全面分析，一方面应该看到，我们工业的发展势头确实不错，另一方面也必须看到，我们掌握的自主知识产权还不多。如果国外的企业只是把我们作为他们的一个制造业基地，知识产权都在他们那里，那么这样的投资对于我们来说，用处不是很大，因为他们的资金随时可以撤走，知识产权也就随时可以被他们带走。

第二，当人均 GDP 达到了 1000 美元以后，必然会遇到人们的需求多样化问题，随之也必然会面临消费结构如何升级的问题。譬如说，在人均 GDP 达到 1000 美元后，家长希望孩子能进入高等学校，病人及其家属要求看病方便，医疗质量高，人们想扩大住房面积，要求住房宽敞，环境好，交通方便，等等。又如，人们的消费要求提高了，不再想买一般的家用电器了，而是想有小轿车，由此产生了人们对汽车的消费需求。实际上，人均 GDP 达到 1000 美元后，人们的消费需求的层次提高了，消费多样化了，这种变化是必然的。于是推动了消费结构升级，而正是消费结构的升级成为拉动经济增长的动力。在这种情况下，如果产业结构不能顺应消费结构升级的需要做出相应的调整，那么消费不旺，或滞后是不可避免的事情。换言之，虽然投资带动需求增长的势头会继续存在，但消费对需求增长的带动效应会减弱。出现这种情况对于整个经济发展来讲是不利的。

第三，在人均 GDP 达到 1000 美元之后，经济与社会如何协调发展的问题会变得越来越迫切。不仅人们对公共教育、公共卫生的需求增大了，而且对环境保护和休闲旅游等方面的需求也会大大增加。这样的话，产业结构也必须做出相应的调整，这些需求增长的领域都属于第三产业，所以第三产业将会出现许多与人们所要求的多种服务相关的增长点。不仅如此，在人均GDP低于1000美元时，尽管人们之间的收入差别已经存在，但还不算突出，而在人均GDP超过1000美元后，如果不注意这个问题，贫富差别将会明显化，矛盾会激化。因此，必须比以前更加注意经济与社会的协调发展，来缓解因为收入分配差距扩大所导致的城乡矛盾、城市内部收入差别所引起的矛盾。其中，城市内部收入差别涉及到工人下岗的问题，所以要更加关心低收入者，帮助低收入者获得增加收入的能力，也就是“就业能力”。这就需要对他们在教育和能力培训方面下大工夫，这样才能真正做到对低收入者的关心。

第四，人均GDP达到1000美元以后，社会各界对政府的要求提高了，对公务员的要求也更严格了。人们要求一个廉洁的、公正的、有效率的政府，要求增加政策的透明度，要求政府职能切实地转化。如果在这些方面不能满足人们的要求，社会矛盾也会激化。

从以上四个方面可以看出，人均GDP达到1000美元，对发展中国家来说，的确是一个界标。过去有人讲，人们怎么还不知足？怎么总是端起饭碗吃肉，放下筷子骂娘？总觉得老百姓怎么还不满足。但要知道，人的需求是多样化的，光有肉吃已不管用了，如孩子要上学，除了念高中，还想读大学，大学毕业后还想找到一个满意的工作。人们要看病，看病要方便，医院的服务质量要好，人们要有休闲场所，绿地要多，住宅周围要安静，环境要干净，等等，人们的需求在发生变化。所以，要不断地提高和满足老百姓的物质文化需求。怎能认为光有肉吃就行了？一般地讲，经济学主要是研究资源配置问题，但一定要关心人，人是经济学研究中的最高层次。合理的资源配置可以提高生产水平，从而不断满足人民群众日益增长的物质和文化需要。但不能把人仅仅当作劳动力来看待。生产是为了人，人不是为了生产。只有全面地关心人、培养人，才能够体现社会主义制度的优越性。

这里特别要提出的是可持续发展问题。

“以人为本”体现了我们必须走一条可持续发展的道路。因为环境是我们与子孙后代共享的，也是我们与子孙后代共有的。如果把环境破坏了，资源耗竭了，虽然这样做对我们这一代人的GDP增长可能是有利的，但却影响了后代人，结果是没有持续发展的可能性了。关心人不仅仅要关心我们这一代人，而且要关心我们的子孙后代，要留一个更好的环境给他们。要强调科技的作用，因为通过科技的力量，可以产生新的能源和新的原材料等。在发展经济的过程中，应该看到科技既是第一生产力，科技也是最宝贵的资源，科技能给我们开拓新的资源、新的能源和新的原材料，科技保证我们能够走出一条可持续发展的道路。否则，我们将缺乏持续发展的后劲。

最后，我想讲一个故事。有两个人到远郊去旅游，在林子听到虎啸。这怎么得了？老虎来了怎么办？其中一个人赶快蹲在地上，从背包中取出运动鞋，打算换鞋逃走。另一个人对他说：“你换运动鞋有什么用？老虎跑得比人快。”这个人回答说：“只要我跑得比你快就行了。”他换了鞋，逃走了。另一个人不慌不忙，也蹲在地上，把鞋脱了，爬到一棵树上去了。果然，老虎来了，老虎不会爬树，直往前追，把换上运动鞋的那个人吃掉了。可见，一个人要有绝招，要有过硬的本领，才能应付困难。老虎不会爬树，这是绝招。企业的情况不也如此吗？经济中的大风浪来了，我们的企业不能只考虑“我比你躲得快”就行了。躲，有什么用？企业要有抗风浪的能力。也就是说，企业要有自主知识产权，有核心竞争力，那样，再大的风浪也可以挺过去。没有科技创新，怎么行？

2004年3月4日在十届全国政协第二次大会期间答记者问

结构调整和市场机制

现阶段中国经济中暴露出来的主要问题是结构失调和资源组合不当。某些行业投资偏热和某些生产资料价格上涨的根源正在于此。

要知道，各种资源总是通过一定的机制实现配置的。经济体制改革的要点是从计划配置资源转换为由市场机制在资源配置中起基础性调节的作用。市场机制是能够合理配置资源的有效机制，尽管它存在局限性。而要让市场对资源配置起基础性调节作用，应该使企业成为自主经营、自负盈亏、独立承担投资风险和经营风险的商品生产者，使市场日益完善，使资源约束状况不断缓解。20世纪90年代以来我国经济发展的进程，已充分说明这是一条促使经济走向繁荣的途径。

在这里，基本的问题是，决定着市场选择的无数分散的企业是否以独立的经济利益为依据。在实际经济生活中，企业能否接受价格信号的指引，能否真正按照自己的利益行事，能否使资源的投入和产出以最经济的方式实现，全都与企业的独立经济利益的存在有关。资源配置失调、产业结构不合理、资源流动不够、资源浪费严重等现象的形成，企业和个人因缺少独立经济地位而造成的缺乏利益约束和利益刺激，是重要原因之一。

在市场经济中，经济增长的主体是企业，经济结构调整、产业结构调整的主体也是企业。这里所说的主体，是指投资主体而言。投资者没有自身的利益或不关心自身的利益，就不会成为讲究效益的投资主体，资源的配置也就不可能符合客观经济规律的要求。可见，改革的首要问题必定是：当前必须继续推进国有资产重组和国有企业体制的改革，赋予改制后的企业（包括少数国有独资企业和大量混合所有制企业）以利益主体和投资主体的地位，由企业的利益选择和投资选择来制约经济结构和产业结构的动向，通过优胜劣汰来促进经济结构、产业结构的调整，实现资源配置的合理化。具体地说，让企业成为利益主体和投资主体的含义在于：

第一，企业可以根据自己的利益来选择投资方向，决定增加或减少对哪些领域和部门的投入，并由此影响经济结构、产业结构的现状。

第二，企业可以根据自己的利益来调整生产要素的组合方式，调整投入与产出之比，也就是通过对效益的追求来制约产出的数量与各种产出的比例。只有这样，某些生产资料短缺现象才能得以缓和，资源一方面不足、另一方面又被浪费的怪现象才会减少，资源优化组合才能实现，粗放型的增长才能转向集约型的增长。

也许有人会提出，市场机制起作用的条件下，企业决策是分散的，怎能保证结构调整的顺利？其实，以企业为单位的决策的分散性正是市场经济固有的特征。所有由各个企业做出的分散的决策汇集而成整个市场关于资源组合和资源投向的选择。市场决策的分散性表明，整个市场的选择是由无数个个别的选择所导致的，而并非先有整个市场的选择，再由它来引发各个个别的选择。也就是说，市场的选择倾向由大多数企业的选择所决定。当大多数企业的目标相似，而且对市场前景抱乐观态度，从而有增加资源投入的倾向时，市场的选择是扩张性的，于是经济就增长。反之，当大多数企业对市场前景抱悲观态度，从而有减少资源投入的倾向时，市场的选择就是收缩性的，于是经济就停滞、衰退。至于某一行业是否投资过少或过多，则由价格和利润率前景决定。优胜劣汰规律比宏观调控更能影响行业投资的变化。

由此联想到宏观调控问题。由于目前仍处于体制转轨阶段，政府与市场、政府与企业的关系仍未理顺，所以，宏观调控应当尽量减少行政手段，行政审批制不能当作法宝而一再被强化。应当相信市场机制在结构调整和资源优化组合中的作用，按照中共十六届三中全会的精神进一步深化体制改革。目前绝不应出现从市场经济体制倒退的现象，也就是不要走回头路。

当前仍然有必要强调一下宏观调控的局限性。政府调控的非理想化可以在不同程度上表现出来。现实生活中会遇到这样的情况：往往未等到政府调控发挥作用，由于情况的变化，政府不得不推出第二轮调控措施；而又未等到政府的第二轮调控发挥作用，情况的继续变化迫使政府再推出第三轮调控措施，如此循环延续。即使不能由此得出结论说政府调控没有什么效果，但至少表明一点，即在资源配置过程中，由于政府调控的非理想化，调控不容易符合预定的目标。

政府调控的效力可能是递减的。这对于社会的资源配置有着不可忽视的影响。在市场中，投入和产出的主体主要是各个微观经济单位。他们之所以采取这种资源组合方式而不采取另一种资源组合方式，是与其利益的多少联系在一起的。政府的调节无非是想改变微观经济单位的预期利益，从而改变微观经济单位原定的资源组合方式。但政府的这种意图究竟能否实现，取决于微观经济单位是否认真考虑自身的经济利益。随着时间的推移和政府调控效力的递减，政府是否具有足以在较长时间内改变微观经济单位的资源组合决策的力量，是很难作出肯定的回答的。何况，政府并没有力量防止调控效力的递减，也不可能消除微观经济单位采取预防性措施的打算。

由此可见，宏观调控的局限性是明显存在的。如何进一步发挥市场机制在结构调整和资源配置中的作用，如何掌握宏观调控的一定的“度”，正是值得一切关心中国经济改革和经济发展的人目前思考的重大问题。

2004年10月6日答香港《投资有道》杂志记者问

改革城乡二元结构体制的深远意义

中国的计划经济体制实际上有两个重要的支柱，一是政企不分、产权不明确的国有企业体制，一是城乡分割、工农分割的城乡二元结构体制。中国的经济体制改革，就是要从社会主义计划经济逐步转变为社会主义市场经济体制。改革、开放 25 年来，在经济体制改革方面，我们主要是对传统的国有企业体制和城乡二元结构体制进行的改革。

在改革国有企业的工作已经取得重大成绩的同时，中共十六届三中全会的决定又有进一步的理论突破，这就是第一次明确提出了要在建立健全现代产权制度的基础上大力发展混合所有制经济，使股份制成为公有制的主要实现形式。可以深信，在十六届三中全会决定的指导下，下一阶段国有企业的改革必将取得更大的进展，社会主义经济必将具有更大的活力，持续稳定的经济增长也将因企业潜力的充分发挥而得到制度上的保证。

十六届三中全会决定的另一个重大的理论突破，是第一次明确提出要建立有利于逐步改变城乡二元结构的体制。过去25年来，尽管没有公开提出改变城乡二元结构体制问题，但在实际生活中已经做了大量工作，并取得不小的成绩。例如，容许农村多余劳动力到城镇来工作，容许农民在城镇办企业和经营个体工商业，在某些试点的城市容许农民在投资、购房和有稳定职业、住所的条件下转为城镇户口，等等，这些都是使城乡二元结构体制开始发生变化的改革措施。同样可以深信，在十六届三中全会决定的指导下，今后改变城乡二元结构的体制的改革步伐将大大加快，因为这是关系到提高农民收入、协调社会发展，以及实现人的全面发展和社会全面进步的重大举措，具有深远的历史意义。

一、提高农民收入的根本性措施

相对于城市居民的收入增长率而言，近年来农民的收入增长率是较低的。收入增长率的不同使城乡人均收入的差距不断扩大，因此，社会各界提出了许多旨在增加农民收入的措施，包括切实减少农民的税费负担、增加政府对农田水利建设和农业技术推广的投资、支持高寒或缺水地区的农民外迁脱贫、放宽或取消对农产品的价格限制、鼓励农民工外出就业、容许土地使用权以多种形式合理流转、对农民进行技术培训、发展乡镇企业并相继改制，等等。应当承认，这些措施如果得以贯彻，都能收到提高农民收入的效果。然而这些都还不是从根本上改善农民收入状况的举措。

要知道，尽管近年来传统的城乡二元结构体制在某些方面有所松动，但旧体制依然存在，城市和乡村之间存在着生产要素流动的限制或障碍，不仅农业产业化的进程会因此遇到阻力，而且乡镇企业的产业升级和资产重组，以及物流业的发展都会因城乡分割、工农分割现象的继续存在而受到制约。如果不建立有利于逐渐改变城乡二元经济结构的体制，既影响城市活力的增长和城市辐射作用的进一步发挥，也影响农民收入的持续上升。

不仅如此，城乡二元结构体制的继续存在还带来了农村受教育机会的不平等，受教育机会的不平等造成了就业机会的不平等，而就业的不平等又造成了收入的不平等。这种情况一代代持续下去，不可避免地会造成下一代、再下一代生活的不平等、就业的不平等和收入的不平等。

有时可以听到一种说法，即认为廉价的农村劳动力使中国的产品在国际市场上具有竞争力，似乎农村人均收入提高是不利于出口的。这种说法之所以错误，一是只看到劳动力数量而忽视了劳动力素质、即劳动力的文化技术水平对一个国家的产品的竞争力的关键性作用。一个真正具有产品竞争力的国家必定是劳动力素质高的国家。靠数量众多的廉价农村劳动力来取得国际市场上的竞争优势，不可能持久。另一方面，要全面建设小康社会，其中包括了为农村居民提供更好的教育服务，让农村在受教育机会和就业机会上得到与城市居民平等的待遇。相对低廉的农村劳动力的存在只是发展过程中的暂时现象。我们不能把城乡收入差距的扩大和农村劳动力的低工资视为我们的长期优势所在，而应当通过改变城乡二元结构体制来不断提高农村劳动力的素质和收入水平，这既能促进国内市场不断扩大，又能真正提高产品的国际竞争力。

二、只有逐步改变城乡二元结构体制才能实现经济和社会的协调发展

党的十六届三中全会的决定第一次提出了五个统筹发展的战略思想，这五个统筹发展是指：统筹城乡发展，统筹区域发展，统筹经济社会发展，统筹人与自然和谐发展，统筹国内发展和对

外开放。五个统筹发展清楚地表明，以经济建设为中心不仅是同实现经济和社会的协调发展相互结合的，而且要全面建设小康社会，必须统筹和协调各种利益关系，化解已经出现的各种社会矛盾，认真应对在发展过程中可能出现的各种新问题、新矛盾。

实现经济和社会的协调发展与经济建设有关，更与制度建设有关。不设法逐步改变已存在多年的城乡二元经济结构，不建立有利于逐步改变城乡二元经济结构的体制，经济和社会的协调发展是难以实现的。因为，无论就城乡关系还是就区域之间的关系而言，一些问题和矛盾的产生和难以解决都同现存的体制有关。

例如，农村教育经费和农村卫生事业经费的投入、农村环境保护和生态资源保护所需资金的投入，就是与财政体制和投融资体制直接有关的问题。今后应当根据城乡经济社会发展的要求进行统筹，才能明确财政体制和投融资体制的改革方向，使较多的资金流入农村教育和卫生领域，使城乡人民在教育条件和医疗保健条件方面逐渐处于平等的位置。

又如，地区发展不平衡，尤其是中西部少数民族地区、革命老区、边疆地区和特困地区发展的相当滞后，在很大程度上也同城乡二元结构体制的存在有关。在这些地区开展扶贫工作，主要是带动生产条件差、生活条件差的农民脱贫，由此涉及基础设施建设的投入和生产生活条件改善所需要的投入来自何处，通过哪些渠道流入等体制方面的问题。对这些，也只有在统筹发展的战略思想指导下才能安排更多的投入并使投入取得较好的效益。

三、落实“以人为本”，有必要逐步改变城乡二元经济结构

党的十六届三中全会的决定指明了深化经济体制改革的指导思想和原则，其中包括坚持以人为本，树立全面、协调、可持续

的发展观，促进经济社会和人的全面发展。

要知道，人民生活的幸福体现于物质文化生活的不断改善，体现于人的全面发展，体现于物质文明、政治文明和精神文明的协调发展，也体现于社会经济与生态环境之间的协调发展，以及人与自然的和谐发展。要实现人的全面发展和社会的全面进步，我们还有许多工作需要做，这里包括了建立有利于逐步改变城乡二元结构的体制。

要建立可持续发展观。这一代人有权生存下去，下一代人同样有权生存下去。以牺牲生态环境来单纯追求 GDP 的增长，不仅牺牲了本代人的生活质量，而且会使后代人难以生存。而要有效地治理环境、保护资源，除了应当加强环境与资源保护工作并树立全民的可持续发展意识以外，还需要着手改变城乡二元经济结构，消除城乡分割现象，以便对城乡企业的环境治理有统筹的规划和安排。城乡分割消除后，生产要素的流动顺利了，同样有助于城乡企业的资产重组，从而可以按照可持续发展的要求来关闭、合并对环境有严重污染的一切企业。

还有必要强调，城乡二元的户籍制度的改革应随着城乡二元结构体制的改革而逐渐走向户籍一元化。无论从哪个角度看，城乡在户籍方面的一元化都是符合人的全面发展的要求的，也是使所有的家庭、所有达到入学年龄的儿童和青少年、所有达到就业年龄的劳动者学习、就业、生活上处于平等地位的制度保证。

总之，只要把上述这些问题提到实现人的全面发展和社会的全面进步的高度来认识，我们就会领会建立有利于逐步改变城乡二元结构体制的深远意义。

2004 年 1 月 15 日同北京大学光华管理学院研究生的谈话

再谈城乡协调发展

一

有人认为，城乡二元结构是从来就有的，怎么能说是计划经济的支柱呢？历史告诉我们，中国自宋朝以后直至民国时期，虽然有城乡二元结构，但没有把城乡二元结构体制化、制度化，居民在城乡之间可以自由流动。比如说，清朝中叶东北开禁之后，山东人、河北人纷纷进入东北，可以在农村种地，也可以在城镇开店或做工。在城市住的，可以到农村买地、租地，在农村住的，也可以进城经商、打工。城乡二元结构没有成为一种禁止城乡相互流动的体制。中华人民共和国建立初期，农村人口还是可以自由迁移进城的。但从20世纪50年代后期起，为了确立计划经济体制，就将城乡二元结构体制化、制度化了，于是形成了两种户口制度。这是以前没有的。正是这种制度支持了计划经济体制的存在。因此，为了从计划经济体制向市场经济体制过渡，有必要逐步改变城乡二元经济结构的体制，建立一种新的体制。这个问题已经提到了议事日程上。城乡协调发展只有在逐步改变城乡二元结构体制的过程中才能实现。

二

城乡协调发展的含义究竟是什么？一般讲要提高农民收入，缩小城乡的收入差距。不错，这是一个内容，但这是不够的。要实现城乡生产要素双向流动，取消阻碍生产要素城乡双向流动的障碍。这也对，但仍然不够。人们还提出，要改变教育机会的不平等，这些观点都对。但应该认为，城乡协调发展包含三方面内容：第一是城市内部的协调发展；第二是农村内部的协调发展；第三是城乡的协调发展。这三者是结合在一起的。

问题很清楚，对社会稳定真正有影响的收入差别，不是城乡收入差别，而是城市内部的收入差别。一个湖北大别山上的村民不会和武汉城市里的人进行比较，因为相距很远。人们平时总是同周围的人相比，例如，武汉城里的穷人会跟武汉市内高收入的人进行比较。现在各地堵政府办公楼大门、在市政府周围静坐的，很多人是城市中的低收入者，他们生活困难（如下岗人员生活无着落，退休人员领不到退休金，报不了医药费等）。农村中也有类似的情况，如某些村的穷人同富人的生活差距过大。如果不先缓解城市内部或农村内部的收入差别，怎么谈城乡协调发展？

三

要帮助城市中下岗人群自行创业。

辽宁阜新市有自己的经验。辽宁阜新是一个煤矿城市，煤矿开了好几十年，有的煤矿枯竭了，工人下岗了，怎么办？他们想，与其买断工龄，不如帮你自行创业。一个工人买断工龄，可以领到三万多元钱。不把这三万元钱交到你手上，用这三万多元钱帮你在农村建一个塑料大棚，种蔬菜、花卉、蘑菇，每年大约有一万多元钱的收入，他们就安下心来。大棚前面有一间房子，有大炕，可以住人。工人下到农村来，说是农民但不是农民，因为没有自留地、宅基地。说是工人，可是现在不在工厂，不拿工资了。那他们算什么人？是农村中新型的创业者。下岗者成创业者了！说不定若干年后，这里有许多养殖大户、种植大户。在阜新听到这些下岗工人说，我们现在城里有房子，农村也有房子。星期一到星期五在农村干活，星期六、星期天回城里去，工厂还有宿舍，我儿子还在城里上学。他们生活安定。所以说，与其买断工龄，不如用这笔钱帮他们自行创业。

四

民营经济在城乡协调发展中可以发挥哪些作用？

实际上最重要的作用是两方面：一方面是农业产业化，另一方面是中小城市（包括小城镇）的建设。民营经济在这两方面都可以起到重要作用。

在农业产业化方面，比如说，采取公司加农户形式发展订单农业，促进农村的规模经营，或者参与乡镇企业的改制，这都是可以起到作用的。吉林是生产玉米的大省，种植玉米的条件非常好。玉米中，有的品种是高蛋白质的，适合做饲料；有的品种是高淀粉的，适合做生产酒精的原料；有的糖分高，适合宾馆、饭店、家庭食用。但是一家一户承包一二十亩地，种的品种不同，都同公司订了合同。蜜蜂传花粉的结果，造成品种不纯，不合规格。又如，玉米田中有一种害虫，叫玉米螟，要花钱请技术人员放赤眼蜂来消灭玉米螟。有的人花钱用赤眼蜂来灭虫，但赤眼蜂一放，把周围田里的玉米螟都消灭了。周围的农户不必出钱，搭这些花钱人的便车，结果花钱的人的心理就不平衡了，所以第二年就不肯再花钱放赤眼蜂了。这些例子都说明农业规模经营的必要。现在，全村的农户联合起来，跟当地的公司合作，这就解决了“搭便车”问题。民营企业在农业规模经营方面可以起良好的作用。

第二是中小城市（包括小城镇）的建设。要吸收农村人口住在城镇，但这些人要有职业，民间投资可以促进第三产业的发展，为这些搬进城镇的农民提供充足的就业岗位。

在这方面，民营企业还可以发挥更大作用。

五

虽然贫困地区的脱贫致富离不开政府的关怀和扶植，但贫困地区的经济发展需要有启动的资金，启动资金只能来自外部，包括来自政府的财政拨款和民间资本的投入。但实际生活中，几乎看不到一个单纯依靠政府财政投入（也就是所谓“输血”）而能迅速发展起来的贫困地区经济的例证。民间资本投入所起的作用，绝不可忽视。贫困地区既可能是一个漏斗，也可能是一个蓄水塘。政府财政投入和民间资本投入，好比向这里注水。如果贫困地区是漏斗，那么注入的水再多，迟早也会流完，结果，贫困地区依然是贫困地区。如果贫困地区是一个蓄水塘，外部注入的水不会流失，而会蓄积在塘里，于是塘里养鱼，鱼就会繁殖，那里的经济面貌就会发生变化。所以说，要发展贫困地区经济，首要的问题是不让贫困地区成为漏斗。

要让贫困地区不再是一个漏斗，而成为一个蓄水塘，光靠外部投入（包括政府的财政投入和民间资本的投入）还不够，还要形成本地区的内部积累机制。对这一机制的形成来说，重要的是调动资金供给一方的积极性，例如，调动作为投资者的企业的积极性和调动作为储蓄者的居民的积极性。此外，还应有市场，有了市场，贫困地区所增产的产品就会有销路，本地经济就会活跃。而从贫困地区内部积累机制形成的条件来看，则要使贫困地区内部的投入和再投入有利可得，对各种投资者有利润的吸引，这样才能使贫困地区进入经济顺利发展的阶段。

六

可以就贫困地区发展问题作进一步分析。

一个地区经济的增长，既取决于当地市场容量的扩大，也取决于劳动生产率的提高，而这二者又都取决于人均收入的增长。如果人均收入偏低，积累不足，民间购买力偏小，于是地区经济就难以振兴。今天，阻碍一些地区发展的一个重要原因，正是人均收入偏低以及由此造成的积累不足和民间购买力偏小。也就是说，那里普遍存在着两个不良循环。

一个是：

人均收入偏低→民间购买力偏小→市场容量小→经济增长缓慢→（在人口增加的条件下）人均收入偏低

另一个是：

人均收入偏低→积累不足→技术停滞，劳动生产率不易提高→（在人口增加的条件下）人均收入偏低

怎样才能早日突破这两个不良循环，使经济能以较快的速度增长，使本地区的人均收入能有较大幅度的提高呢？深化改革，及早改变城乡二元结构体制，是实现上述两个突破的基本途径。

在改变城乡二元结构体制的条件下实现城乡协调发展，是改革深化的主要内容。改革与城乡协调发展相互依存，相互带动：一方面，通过改革的深化，经济效益将逐步提高，人均收入水平将上升，从而使本地区的发展有扎实的基础；另一方面，地区的

生活环境、生产环境和投资环境改善了，人均收入水平将上升，从而会大大增强本地区深化改革的社会承受力，使改革进行得比较顺利。这一切都是可指望的，关键在于我们的努力。

七

乡镇企业无论在提高农民收入还是促进城乡协调发展方面，都起着积极作用。当前的问题是如何推进乡镇企业的改革，使乡镇企业能发挥更大的作用。

一个重要的问题是，乡镇企业必须进行认真的产权改革。以前，乡镇企业中，大部分是以集体所有制名义登记注册的。但集体所有制的含义相当模糊。究竟谁是投资主体？产权如何界定？股东们是否行使了自己的权利？这些都不明确。乡镇企业在产权制度改革上还有许多工作要做。在不少地区，过去那种“名为集体企业，实为少数乡镇干部把持的企业”的状况必须彻底改变。这样，乡镇企业才能调动投资者与职工两方面的积极性。产权明确后，改制为有限责任公司的将是多数，也有少数企业将改制为股份有限公司，还有一部分成为合作社，或成为个人独资的企业、合伙制企业。

改制后的乡镇企业应该因地制宜，发挥本地资源优势，了解市场走向，要生产出适合市场需要的产品。同时，它们必须把产品质量放到首位。为此，乡镇企业要加快技术更新，注意产品的更新换代，并严格把好质量关。

乡镇企业还必须致力于劳动力素质的提高。乡镇企业在发展过程中，以前主要依靠廉价劳动力，这一优势今后会逐渐丧失，因为沿海地区的工资成本正在日益上升，劳动密集型企业有从沿海向内地转移的趋势。此外，管理和营销人员的重要性越来越突出，这些人员不可能被外来的廉价劳动力所取代。如果不提高管理和营销人员的素质，乡镇企业也就不可能跨上新台阶。

可以认为，即使在乡镇企业较发达的地区，如今也面临着乡镇企业“二次改制”和“二次起飞”的任务。至于在乡镇企业不发达的地区，原有的乡镇企业和新建的乡镇企业更应当适应形势变化。只有这样，乡镇企业才能在农村脱贫致富和城乡协调发展中发挥有力的作用。

再说，城里的企业可以让技术人员入股，为什么乡镇企业不这么做？这对乡镇企业增加盈利和提高有贡献的技术人员收入是有好处的。农村也可以这么做。如果技术人员下乡帮助村里农民增产增收，可以采取参加分红的方式，让技术人员同农民形成“利益共同体”。这样，农民和农业技术人员双方都能增加收入。

最后，我认为让农民“就地致富”是解决中国农村发展的最重要途径。农民外出打工，可以脱贫致富，这已被实践所证明。但实践也表明，外出打工的毕竟还是农村过剩劳动力中的少数。如果农村中的过剩劳动力全都出来找工作，城市里容纳得下吗？有那么多工作岗位吗？大量农村过剩劳动力向城市转移。将是一个很长的过程。所以最重要的是要让留在农村中的劳动力有“就地致富”的能力和门路。这个问题值得大家考虑。

2004年6月28日同北京大学光华管理学院研究生的谈话

重视粮食价格形成与波动机制的研究

——隆国强著《大国开放中的粮食流通》序

隆国强博士是我的学生。他长期在国务院发展研究中心工作，并致力于粮食价格形成与波动机制的研究。他以中美两国为背景，在比较研究的基础上写成了这本专著，我感到很高兴。

对中美两国粮食价格的形成与波动机制的比较研究，不能离开两国不同的制度背景。关于这一点，在该书第二章“产业组织与农户行为”和第六章“粮食流通体制”中都已作了论述。我认为，强调制度的差别有助于对整个问题的理解，但这并不否认中美两国粮食价格形成与波动机制的某种相似性，比如说，成本与价格之间的变动关系、粮食供需矛盾对粮食价格的影响、国际贸易对国内粮食价格的影响等。这种相似性应当被看成是市场的基础性调节作用的结果。

对中国粮食价格的研究，有必要同工农业产品比价的研究结合在一起。就粮食价格本身而言，中国的粮价已经不低了，但为什么农户还是认为种粮食没有多少收益呢？除了农村的乱摊派等非经济因素的作用而外，还必须考虑粮食价格同工业品价格的比价问题，尤其是化肥的价格同粮食价格的对比。在市场经济体制下，即使粮食价格上升可以使种植粮食的农户得到一定的好处，但如果农户急需的诸如化肥、农药、柴油、塑料薄膜、农用机械及其零配件等农用生产资料的价格也上升了，甚至上升幅度更大，农户种粮的积极性就会下降。加之，如果农产品中间流通环节多，中间经营者得到的好处大，那么消费者虽然为粮食支付了更多的货币，但作为生产者的农户并不能因此获得较多的收入，这正是长时期内中国粮食问题的症结所在。粮食流通体制改革就是要解决这个问题。

在工业品价格不变的条件下，如何既能提高中国的粮食产量，又能降低粮食的生产成本，从而增加农户的收入，我在一些地区作了调查之后曾设想过，能不能采取“以退为进”、“先退后进”、“名退实进”的做法？这就是说，把不适合种粮食的耕地改种其他作物，同时加大对适合种粮食的耕地的投入，以实现先少种粮食，再多产粮食的规划。具体地说，假定某些县份的土地不大适合种粮食，而更适合种其他作物，并且经济收益又高于种粮食，为什么一定只种粮食而舍弃其他作物呢？假定这些县份的土地既可用于生产粮食，又可用于生产其他作物，但是生产其他作物的经济收益更大，何不把一部分耕地用来种植其他作物？并且在财政收入、工业收入与农户其他收入增长后，以增加对粮食生产的投入的方式来提高粮食的单位面积产量呢？不言而喻，由于资源条件不同，每个县都有自己的相对优势，问题在于是否发现相对优势，是否利用这种相对优势。一个县不大适合种粮食，这当然不是优势，难道这个县只能死守在种粮食这个阵地上而不能另找出路吗？关键是要找到自己的相对优势。找到了相对优势，并且发挥它，全国范围内，不仅粮食可以增产，而且更可以使穷县变为富县。

在发挥各地的相对优势，实行“先退后进”的做法时，不是没有阻力的。当某个县想少种粮食而改种其他作物时，常常会遇到来自各方面的压力。有人指责说：本来这个县的粮食产量就不足，再不种粮食，吃什么？相信实践会对这种认识作出最好的回答。少种一些粮食，把不适合种粮食的耕地改种其他作物，收入增长后，对粮食生产的投入增加了，在适合种粮食的耕地上单位面积产量提高了，这不更有利吗？这是一条有利于中国粮食生产的新路。如果不敢走新路，贫困县将一直贫困下去，缺粮县只好继续靠救济为生，而生产粮食的农户也会继续低收入，种植粮食的积极性不会被激发出来。

再从中国的农业经营体制方面看，尽管农业家庭联产承包责任制将长期不变，但不可避免的是，农业的集中经营、规模经营将在维持家庭承包制的基础上进行，即大体上稳定现有体制，局部可以进行调整。也就是说，家庭承包制仍然不变，但承包经营者可以转包所承包的土地，转让承包合同，承包经营权可以入股和继承。只要土地的农业用途不变，转包土地，转让承包合同，承包经营权入股，以及继承承包经营权都由承包经营者自己决定，各级政府和村委会都不得干涉。通过上述改革，一方面有利于保护耕地，有利于稳定农业生产大局，另一方面又有利于推进集中经营、规模经营，有利于提高农业劳动生产率，这样，用较少的耕地就能生产出较多的粮食。在土地资源比较充裕而人口数量不多的偏远地区，农村土地使用制度的改革步伐还可以迈得更大一些。在分配给每个农村居民足够的承包田之后，可以把多余的农田统一发包，通过竞争的方式包给适当的经营者，后者就有条件采取规模经营，使粮食或其他作物的产量增加。此外，农村土地使用制度的改革还包含如下的内容，即容许家里有劳力外出做工经商的农户把所承包的土地租赁给别人耕种。这时，不仅土地所有权依然是公有的，而且土地使用权的归属依旧不变。承包经营者出租土地，并不影响承包经营者的地位。租赁是有期限的。条件是租赁之后土地不能荒废，也不能改变农用土地的用途。这既可以解决农村闲置劳动力无田可种的问题，又可以促进农业劳动生产率的增长，促进粮食的增产。

隆国强同志的这本专著只讨论粮食价格形成与波动机制。其实，棉花价格问题可能更有探讨的必要，至少它同粮价问题同等重要。我在自己的早期经济论文中曾对美国棉花价格波动作过考察①。在这里，我想就中国的棉花生产与经营谈一些看法。在最近几年的市场研究中，棉花的生产与经营成为人们关注的课题之一。前几年，时常听到有关“棉花大战”的议论，近年来听得更多的或者是棉田减少，棉花产量下降，或者是棉农频频叫苦，抱怨收入低微。棉花市场究竟出了什么问题？棉花问题的症结究竟何在？这的确是值得研究的。据我在一些地区的调查，棉花问题的症结主要是在体制方面。体制不顺，引起了价格关系不顺，从而棉花供求失调，棉农没有种棉卖棉的积极性，纺织企业也就相应地得不到所需要的原料。如果不从体制上着手剖析，既找不到主要的病因，也找不到有效的处方。

“体制不顺”这四个字应如何理解？这里所说的体制不顺，主要是指生产体制和流通体制不协调。下面想就有关棉花产销的体制不顺谈些看法。

先分析生产体制。农村改革以来，棉花是由农民家庭种植的，农民家庭是否愿意种棉花以及究竟愿意种植多少，取决于家庭种植棉花的纯收益。农民家庭的自主性和灵活性是客观存在的。但这种自主经营的机制却遇到了两个障碍。一是市场不健全、信息缺乏、成本波动大，使得种植棉花的家庭的纯收益没有

---

① 参见：《厉以宁经济论文选（西方经济部分）》，河北人民出版社 1986 年版。

保障。二是棉花市场是一个继续受到严格限制的市场，计划仍然起着重要作用。于是农民家庭种植的自主性与灵活性便反映为农民家庭时而愿意种植棉花，时而不愿意种植棉花。棉花播种面积与棉花产量的波动不可能不是经常性的。这就大大影响了棉花供给的稳定性。

回顾过去，在长期计划体制下，这种矛盾并不存在，因为农民的生产受制于集体经济组织，按计划强制种植棉花，按计划强制收购棉花，农民纯粹处于被动地位，问题反而不突出。

展望未来，假定确立了市场体制，棉花价格随市场供求而调整，信息充分，销售网络健全，农民家庭的自主性与灵活性就会反映在农民积极种植棉花之上，问题也就缓解了。

可见，有关棉花产销的体制不顺是从计划体制向市场体制过渡时期出现的一种被扭曲的状况。

再对流通体制进行分析。流通体制中的问题主要表现于：棉花的购销依旧严格地受到计划的控制，计划手段被当成是调节棉花市场的主要手段，农民家庭不愿按照计划价格供应棉花时，甚至用行政力量来强制收购。于是形成了恶性循环：越是用计划手段和行政力量来收购棉花，农民家庭就越不愿意种植棉花，棉花供求矛盾越紧张，政府又不得不再度强化对棉花的计划收购。这同样是从计划体制向市场体制过渡时期出现的一种被扭曲的状况。

解决棉花问题的出路很清楚：深化改革才是摆脱困境的途径。目前，有关棉花生产与经营的政策措施应当被看成是过渡性的。要知道，既然生产上已经实现了以农民一家一户为棉花生产单位，农民家庭已经被承认有种植棉花的自主性与灵活性，那就必须在此基础上继续前进，争取早日建立农民家庭参与棉花营销的新体制。农民家庭既是独立的棉花生产者，又联合成为棉花运输、销售的营销商，这就为理顺棉花生产与流通体制创造了条件。可以认为，如果能够使农户既成为棉花生产者，又成为棉花营销合作组织的成员，中国的棉花市场必将健康地发展起来。相应地，带有过渡性质的对棉花收购与调拨的做法连同对棉花价格的严格管制将会退出历史舞台。如果现在一下子就完全取消棉花的计划收购与调拨还有一定难度的话，那么逐步放开棉花市场与放开棉花价格的做法应是可行的。总之，只要体制理顺了，棉花问题有希望较快地得到解决。

隆国强：《大国开放中的粮食流通》，中国发展出版社 1999 年版对社会负责，对环境负责，对历史负责，这正是企业家的社会责任感的体现，同时也是企业家具有战略眼光的反映。

邓小平管理思想是建立当代中国管理学的指南

——《邓小平理论与当代中国管理学》前言

在北京大学邓小平理论研究中心的指导下，北京大学光华管理学院成立了“邓小平管理思想研究”课题组。经过几年努力，由北京大学光华管理学院战略与公共政策系副主任蔡曙涛执笔，完成了《邓小平理论与当代中国管理学》一书，并以此作为邓小平同志诞生100周年的纪念。

邓小平管理思想是邓小平理论的组成部分，是我们建立当代中国管理学的理论指导。可以从以下七个方面对邓小平管理思想进行阐释。

一、当代中国管理理论发展与运用的基础

邓小平建设有中国特色社会主义理论的核心是实事求是。实事求是，意味着一切从中国实际出发，意味着必须把马克思主义

的普遍真理同中国的具体实际结合起来。这正是邓小平理论的精髓。在当代中国管理理论的发展与运用中，也应以中国的实际为出发点。根据邓小平的论述，中国是一个发展中国家，同时又是体制转型国家；中国的发展既有资源的制约，又受传统观念的束缚；中国的法律体系不健全、不完善，无论是宏观管理水平还是企业管理水平也都不高；中国不仅受到国际政治经济的压力，而且还受到来自国际的意识形态方面的歧视。这一切成为研究中国管理时必须考虑的国情。离开了实际，不符合中国的国情，就根本谈不到建立中国自己的管理学。再说，公平和效率历来都是管理学的中心问题。公平目标就是经济和社会协调发展，效率目标就是资源合理配置、有效配置。只有兼顾这两大目标，公平才能促进效率，效率才能促进公平，中国才能循着共同富裕的方向前进。邓小平关于中国国情的分析，对我们如何研究当代中国的管理问题有着重大的指导意义。

二、管理理念

摒弃传统的、过时的管理理念，建立适合国情的新管理理念，是邓小平管理思想的重要组成部分，也是邓小平对建立中国管理学的贡献之一。这首先涉及的是对社会主义本质的认识和对社会主义的科学界定。邓小平指出："社会主义的本质，是解放生产力，发展生产力，消灭剥削，消除两极分化，最终达到共同富裕。"这就给社会主义做了科学的界定。根据这一界定，管理理念必须弃旧扬新。具体地说，要摒弃把平均主义作为社会主义制度优越性的旧理念，摒弃过去长期坚持的"一大二公"模式，把解放生产力和发展生产力提到社会主义的本质地位。这表明管理理念发生了根本性的转变。正是在这种新的管理观念指导下，改革开放 20 多年来我们的宏观经济管理水平和企业管理水平才会不断提高，我国的经济才能持续增长，社会才能如此稳定。

三、管理者

行使管理职能的是管理者；能够提高管理效率的，主要也是管理者；更重要的是，能够实现管理目标的，仍然是管理者。这表明，管理者在管理中的作用十分重要。仅有新的管理理念还不够，应当培养新型的管理者，而且新型管理者是一支庞大的队伍。邓小平在他的许多论述中，都强调了管理者队伍建设的重大意义。例如，在改革开放之初，邓小平就明确指出："问题是干部构成不合理，缺乏专业知识、专业能力的干部太多，具有专业知识、专业能力的干部太少。"在改革过程中，邓小平把坚持改革开放路线作为选拔管理者的标准。他说道："我们现在就是要选人民公认是坚持改革开放路线并有政绩的人，大胆地将他们放进新的领导机构里，要使人民感到我们真心诚意要搞改革开放。"由于任何管理都不是单纯依靠某一个管理者的能力就能取得成效的，因此重要的是拥有一批管理者，每个单位有一个管理集体，管理者与管理者之间有协作，有分工，也有制衡机构，这样才能既有效率，又可以防止重大的失误，避免损失。邓小平从中国的历史经验出发，提出了完善领导班子结构以及实行集体领导和个人分工负责相结合的制度等主张，这一思想的正确性已被近年来的实践所证实。

四、管理的重心

每个单位都有在一定阶段内需要解决的管理中的关键问题，这些关键问题就构成不同单位、不同时期的管理的重心。管理重心确定后，管理关键问题逐一得到解决，管理目标就有希望实现。管理目标分为长期目标、中期目标、近期目标，它们因单位而异，也因形势而异。邓小平考虑的是中国社会经济发展战略问题，即要把中国这样一个人口多、底子薄的社会主义发展中国家变为一个经济发达、政治民主、法制完善的社会主义现代化国家，实现共同富裕。为此，邓小平提出了分阶段前进即“三步走”的战略思想。管理的重心就必然落在不同阶段社会经济发展目标的制定上。总的来说，以下两个关键问题一定要在实施“三步走”的战略中得到妥善解决。一是处理好先富与共同富裕的关系，这是说，共同富裕是目标，但不可能做到同步富裕，而只有允许、提倡和鼓励一部分人、一部分地区先富起来，先富带后富，先富帮后富，共同富裕目标才能实现。改革开放20多年来，正由于坚持了这一思想并在不同发展阶段采取了不同的政策，我们才能取得这样显著的成绩。二是一定要重视可持续发展，突出科学技术是第一生产力，同时抓紧发展教育，培养人才。邓小平认真总结了以往经济增长的经验教训，认为那种浪费资源、损害环境、只顾产量、不计代价的做法再也不能被采用。可持续发展是以科学技术和教育为依靠的。“靠科学才有希望”，这正是解决中国发展问题的关键所在。

五、管理体制、原则和方法

邓小平在确定了与社会主义本质有关的管理目标和管理重心的同时，对管理体制、管理原则和管理方式进行了充分的论述。体制的选择被放在突出的地位。计划体制和市场经济体制是不能并存的，因为计划体制以计划为资源配置的主要方式，而市场经济体制则以市场调节作为基础性的调节，两种体制不能兼容。但计划作为一种调节手段，市场作为另一种调节手段，却可供选择采用，这需要根据具体情况和具体任务而定。这一思想明确之后，管理体制上的集权制和分权制、管理工作中的激励原则和控制原则以及经济发展过程中所采用的企业经营方式，也就可以按照实际情况而被选用。不能认为只需要集权制或只需要分权制，也不能认为激励原则是万能的或控制原则才是万能的，同样不能认为某一种企业经营方式对任何规模、任何行业、任何所有制结构的企业都是灵验的。邓小平管理思想始终强调的是实事求是。就以中央和地方的集权还是分权问题为例，邓小平总是在不断总结经验，从实际出发，提出集权与分权相结合的体制，并根据形势的变化作出调整。这种调整显示出邓小平的实事求是精神。

六、管理中的变革与创新

创新是发展的动力。这里所说的创新，包括了制度和体制的创新、技术的创新和管理的创新。创新是通过改革实现的，改革本身也就是创新。邓小平在分析中国社会的转型与发展时，不仅重视体制的创新和技术的创新，而且重视管理中的变革与创新。他有关建立经济特区的设想和建议，体现了他对变革过去的管理体制和创建新的管理体制的深思熟虑。20 世纪 70 年代末和 80 年代初，不少人还不理解开放的意义以及改革与开放之间的关系，不了解设立经济特区的深远意义及其对中国整个改革与发展的促进作用。邓小平高瞻远瞩，提出了“特区是个窗口，是技术的窗口，管理的窗口，知识的窗口，也是对外政策的窗口”的思想，认为在经济特区“可以引进技术，获得知识，学到管理。”学习西方发达国家的管理，在当时是一种大胆的、有远见的主张。实践证明这种主张是正确的，因为学习西方发达国家的管理只是初步行动，接着便是对中国国内的企业管理进行改革，把国外的经验同国内的实际结合起来，形成我们自己的管理体制、管理方式。此外，在城市管理、农村管理中，同样需要有变革和创新，并且需要根据中国的国情来建立新的模式，包括如何加大各级政府的社会管理和公共服务的职能，如何推行村民自治，如何实现城乡之间的生产要素流动等，都只有在管理变革和创新的基础上才能找到有效的对策。邓小平的管理思想在这些方面给予我们宝贵的启示。

七、中国发展与世界进步

中国在发展中受到资源的制约，资源中包括人才、技术、资本、可耕地、原材料、燃料等。土地是无法从国外引进的，但如果提高可耕地的利用率，使单位面积产量有较大程度增长，那么可耕地短缺的制约就会减轻。可耕地利用率的提高同人才、技术和科技研究成果、资本的引进有关。因此，包括可耕地在内的资源制约是可以通过加强同国外的合作、交流而逐步缓解的。现代管理中的一个重要问题是如何实现资源的转换，即如何以国内的优势资源来换取国内短缺的资源。邓小平考虑到中国的实际情况和近年来国际技术、经济的进步，提出了充分利用国际环境以加快中国建设的思想，这对计划经济体制下长期存在的观念是一个巨大突破。封闭型的经济实际上是把本国置身于世界经济和技术进步潮流之外，不仅管理效率难以提高，而且在资源约束之下经济的持续增长也缺乏保证。开放意味着管理理念的更新，开放和改革是密不可分的：开放促进改革，改革促进开放，二者相互推动，相辅相成。正是在邓小平的倡导下，中国积极争取加入世界贸易组织，并终于实现了这一愿望。

以上从七个方面对邓小平的管理思想进行了阐释。邓小平理论是由邓小平一系列有关中国特色社会主义的新的思想和观点所组成的，邓小平的管理思想就是这些新的思想和观点的一部分。

中国的改革开放和经济发展是在邓小平理论指导下进行的，而邓小平的管理思想也在中国改革开放和经济发展的实践中得以充实和丰富。学习邓小平管理思想给我们两个重要启示。

一个重要启示是：在中国，管理的最终目标是符合社会主义社会实现人民共同富裕这一总的目标的。离开了这一总的目标，或者说，离开了通向这一总的目标的道路，管理便失去了自己的意义。实现共同富裕要以解放生产力和发展生产力为条件，而要真正做到生产力的解放和发展，则必须坚持改革开放。因此，在中国，我们讨论管理问题，一定要始终把改革开放，解放和发展生产力，以及实现共同富裕作为中心问题，只有在这一基础上，管理的理论研究者和实际的管理工作者才能取得新的成绩，当代中国的管理学也只有在理论研究者和实际工作者不断取得新成绩的前提下才能建立起来。

另一个重要启示是：学习和研究中国的管理，在中国的管理中实行变革和创新，都应当立足于中国的现实，从中国的国情出发，理论紧密联系实践，这样才能建立当代中国的管理学。正如邓小平一再指出的，"马克思主义必须是同中国实际相结合的马克思主义，社会主义必须是切合实际的有中国特色的社会主义。"我们要学习西方的管理，但学习不等于照搬，对西方的管理的学习最终是要运用于中国的实践的，因此，切合中国实际的管理才是中国在发展和改革中能有效运用的管理。有中国特色的管理学，既要汲取世界各国在管理学中的先进内容，更必须符合中国的实际。

厉以宁、蔡曙涛主编：《邓小平理论与当代中国管理学》，北京大学出版社、黑龙江教育出版社 2004 年版

了解市场才能开拓市场

一

我们正处在一个不断追求理论创新、制度创新、技术创新和管理创新的新时代。按照熊彼特给创新下的定义，“开辟一个新市场，也就是有关国家的某一制造部门以前不曾进入的市场，不管这个市场以前是否存在过”，① 也是创新的内容之一。在创新理论的研究者看来，开拓市场是一种创新，而且是一种制度创新。对处于转型发展阶段的中国企业家来说，市场创新是十分迫切的任务，因为在转型经济中企业家面临着更多的挑战，尤其是开拓市场方面的挑战。

在传统的计划经济体制下，真正意义上的企业家是不存在的。我们能够看到的只是“企业官员”，或者说只是企业的管理者。他们是在体制扭曲的特殊历史环境下出现的，他们的工作只不过是执行计划的指令，他们不可能成为名副其实的企业家，从

① 熊彼特：《经济发展理论》，商务印书馆 1990 年版，第 74 页。

而也就谈不到开拓市场之类的工作。既然企业产品的销售地区和供应的客户都是指定的，某些产品还实行配额供给的方式，有什么必要去开拓市场呢？

因此，只有在市场经济条件下，企业家才能具备成长的条件，他们主动适应市场，研究市场，开拓市场，并能驾驭复杂多变的市场竞争局面。转型发展的过程就是由传统的计划经济体制向市场经济体制转化的过程。在这一过程中，一方面，符合产权明晰要求的真正意义上的企业已经逐步发展起来，市场不仅已经形成，而且越来越开放，竞争也越来越激烈；另一方面，市场竞争既为企业家的成长创造条件，也对企业家的自身素质提出了更高的要求。新时代的企业家要站得高，看得远，了解世界经济走向，了解宏观经济形势，然后才能作出正确的投资决策和市场开拓决策。换言之，新时代的企业家不仅要懂得企业经营之道，要善于融资，善于培养和使用人才，还需要时刻了解市场的走向，以便开拓市场。当然，所有这些都需要通过企业自身的体制改革来实现。一个不承担投资和经营风险的“企业”，是无法做到这一切的。

二

要开拓市场，必须懂得现代市场经济中的一些规则和理念。对一个企业来说，近期的利润率是重要的，但不一定是决定性的。有决定性意义的是市场份额和长期盈利的保证。而对于准备开拓市场的企业来说，在一个地区，起决定性作用的是人均收入水平，特别是人均可支配收入水平。地区市场的购买力由此决定。有市场，才会有利润。地区的购买力低下，没有市场，企业怎能得到利润？一个地区，也许财政收入增长得比较快，但财政收入的用途是作为政府的经常费用、地方建设费用，这并不决定这个地区市场的大小。市场潜力有多大？能开拓多大的市场？这不能看地区的财政收入多少，而需要看人均可支配收入大小。人均可支配收入大，市场才可能扩大，企业产品的销售才会有前途。这才是真正了解市场。地方官员虽然不是企业家，但也应该具有市场的意识，应该懂得这个道理。

市场是可以创造的。了解市场才能开拓市场。吉林省榆树市有一个乡镇企业发展很快。它生产什么产品？生产方便面，它的方便面与别的地方不一样，它面向农村，生产适合农民需求的方便面，五毛钱一包。城里人吃“康师傅”方便面，农民嫌太贵了，三块钱一包，不能经常吃。所以这家企业看准了五毛钱一包让农民吃得起的方便面，市场果然很大。我在北京大学光华管理学院给学生讲课时，讲过一个例子。一个生产木头梳子的公司，找4个推销员来，每个人带一些样品和订单到庙里去推销。第一个人去了，晚上回来说，一把没卖掉。为什么呢？和尚说，我们是光头，买梳子有什么用？所以一把也没卖掉。第二个人回来了，问他卖了多少把，说卖了十来把。问他怎么会卖了十来把的。推销员说：我对和尚们说，梳子除了梳头发的功能外，还有第二个功能，你经常用梳子刮刮头皮，可以舒经活血，头脑清醒，养颜美容，有益健康等许多好处。所以卖了十来把。第三人回来了，说卖了几百把，问他怎么会卖出几百把呢？他说：“我仔细在庙里观察了一番，这个庙香火很旺，很多香客在虔诚地叩头，叩了几个头之后起来，头发就有些乱，香灰也掉在头上，头发脏了。我就去找方丈，对他说，你看香客们多虔诚呀，你要多关心他们。方丈说怎么关心他们呢？我说，每个经堂门前每天放几把木头梳子，香客头发乱了、脏了，可以梳一梳。香客用后，梳子就是断了、掉了，也无所谓，明天再放几把新的，反正木头梳子很便宜。你们关心香客，可以密切同香客的关系，这对寺庙有好处，香火会更旺，所以销掉了几百把。”最后，公司派出去的第四个推销员回来了，订单更多，推销了几千把。公司领导说，把你的经验讲讲看，怎么会销掉好几千把呢？他说，我直接找到方丈，问方丈，现在有没有人往庙里捐钱呀，回答说，有；问有没有人向庙里捐东西呀，回答有。那么庙里有没有礼品回赠呀？什么礼品最便宜呢？木头梳子最便宜。而且，木头梳子正反两面都可以刻上字。正面可以把庙里最好的对联刻上，反面请你方丈提几个字，如“积善为佳”呀、“行善为本”呀，这样，人家就可以把木梳作为纪念品留下，到你们庙里来的人就更多了，给你们庙里捐钱的也就更多了。上面这个例子充分说明，市场是可以创造的，就看你能不能抓到机遇。换句话说，机遇不是天下掉下来的，机遇也是可以创新的。

现在，香烟的包装越来越精美，价钱越来越贵，因为生产的不少是精品烟。有的农民说，纸烟抽不起了，怎么不生产一些便宜的香烟呀？可见香烟市场也可以开拓。不能只顾生产精品烟，大众化的香烟、便宜的香烟、农民买得起的香烟也要生产，农村的市场很大，为什么不去开拓呢？

市场可以创造，不妨再举两个例子。一是电动刮胡刀。以前，人们连想都没想过，因为一直是用刀片刮胡子。企业把电动刮胡刀生产出来了。一开始，人们不敢买，不敢用，担心把肉刮掉，那怎么办？企业生产出电动刮胡刀以后，就派人到街头和商场中作示范表演。大家一看很方便，很安全，就买了，新的市场就创造出来了。另一个例子是旅游市场，那也是创造出来的。过去谁知道有个张家界、有个九寨沟呀，谁都不知道。一旦发现了，就做宣传，前来旅游的人一看，确实好，回去对周围的人说，这样就创造市场了。现在想去九寨沟不容易了，要限制进山人数。

三

任何创新都不是凭空产生的。任何创新都是在前人研究成果之上的继承和发展。企业家在经营管理方面的创新、市场开拓方面的创新也不例外。这就要求企业家善于学习，博采众长，勇于探索和实践，要多动脑筋，要不断总结经营和市场开拓中的经验教训，只有这样才能有所突破，有所前进。

15 年前，有一天晚上，我闲着无事，写了三首七绝。我觉得很有意思，把它们抄在下面：

七绝三首

冬夜无事，戏解“一个和尚没水吃，三个和尚水多得用不完”

一九八九年

其一

甲庙，距河边路远，三个和尚协作

寺庙河边石道长，
全程一担实难当，
三僧接力分三段，
清水源源灌满缸。

其二

乙庙，老和尚引入竞争机制

挑水无人早晚催，
老僧今日立新规，
奖勤罚懒皆知晓，
弟子果然草上飞。

其三

丙庙，小和尚进行技术改革，引水入庙

砍竹连接引水渠，
辘轳提上流徐徐，
值班弟子摇把手，
庙里水多绰有余。

过去常常讲，“一个和尚挑水吃，两个和尚抬水吃，三个和尚没水吃”。这个观念旧了，不是现代市场经济中的观念。现代市场经济中的观念，正如前面诗中所写的，是“一个和尚没水吃，三个和尚水多得用不完”。诗里讲的是：寺庙离河边都比较远。有三个庙，第一个庙，由于离河边比较远，一个和尚挑水，回来就累了，说大家够用就行了，不再担了，因为路太长。后来，三个小和尚商量，说咱们三个人分三段接力挑吧。第一个和尚挑一段，坐下休息，第二个接着挑一段，又休息，第三个人再挑。空桶回来了，大家接着挑，都不累。这叫做用接力的办法，也就是靠协作，就把水缸灌满了。第二个庙，庙里的老和尚把三个徒弟叫来，说你们都挑水去，今天谁挑的最少，晚上只吃白饭，没有菜，谁挑的最多，给他加一道菜。于是三个小和尚你追我赶，都争着多挑，水够用了。这叫做引进新机制，体制上作了改革。第三个庙，三个小和尚商量，说不管怎么挑水，都很累，咱们从山上把竹子砍回来打通，连成长线水槽，河边上装一个辘轳。第一个人在河边把水舀上来，用把手把木桶送上去，第二个人把水倒进水槽，流进庙里，第三个人在庙里接水，结果，很快就把所有的水缸都装满了。这叫做技术改造。从以上的例子可以看出，只要通过协作，进行体制改革和技术改造，什么困难都可以解决。三管齐下，困难会解决得更快更好。一个真正的企业家，一定要懂得这个道理。

四

要懂得优势互补，要学习外省市和其他企业的长处。大家都知道龟兔赛跑的故事，骄傲的兔子半路睡着了，所以乌龟跑第一。请问，龟兔赛跑，难道只赛这一次吗？不是的。以前我曾经讲过，兔子输给乌龟以后不服气，要求再比赛一次。兔子吸取失败的教训，果然在第二次赛跑中跑了第一。乌龟又不服气，他说：前两次都是按兔子指定的路线跑，这次应该由乌龟指定路线。兔子答应了乌龟的要求。兔子又跑在前面，快跑到终点的时候，兔子被一条河拦住了，而乌龟慢慢地爬到河边之后，顺利地游了过去，第三次龟兔赛跑中，乌龟获得第一。它们商量着跑第四次。这一次，它们协作，优势互补。陆地上兔子驮着乌龟跑，过河的时候乌龟驮着兔子游，最后共同达到终点，这就是靠优势互补获得的双赢。①

实际上，四次龟兔赛跑给了人们四个重要的启示。第一次赛跑的启示是："当你在竞争中处在劣势时，不要气馁，不要松懈，要坚持下去，等待对手犯错误。"果然，在赛跑中乌龟坚持下去了，兔子犯了错误，中途睡觉，乌龟取得胜利。如果龟兔赛跑一开始，兔子跑在前面，乌龟想：这一次我没有希望了，认输了，不跑了，岂不是全完了吗？第二次赛跑的启示是："要善于把潜在的优势变成现实的优势。"兔子善跑而不跑，中途睡觉，所以第一次赛跑输了。这是潜在的优势没有转化为现实的优势。第二次赛跑中，兔子发挥了优势，就赢了。第三次赛跑的启示是："如果发现原来的策略不管用了，要及时调整策略，改变策略。"乌龟通过第二次赛跑发现，如果按照原来的路线跑下去，只要兔子中途不睡觉，自己永远是输家。于是乌龟提出换一条路线跑，中间有一条河，可以挡住兔子，所以乌龟就胜利了。第四次赛跑的启示是："要协作，要优势互补，但协作和优势互补都必须建立在互相信任的基础上。"如果缺乏互信，当兔子驮着乌龟在陆地上跑时，兔子耍滑，拐弯时一扭，把乌龟摔伤在地，怎么办？当乌龟驮着兔子过河时，乌龟存心不良，往水下一沉，岂

---

① 参见《厉以宁北京大学演讲集》，经济科学出版社 2003 年版，第 199 ~ 200 页。

不把兔子淹死了？可见，互相信任是非常重要的。

最近，我看到一本给孩子们看的漫画书，其中也讲了龟兔赛跑的故事。书里说，龟兔赛跑开始之前，乌龟要自己的弟弟预先埋伏在终点，等兔子跑到时，一看乌龟已经到了。兔子哪里认得谁是龟哥哥谁是龟弟弟？兔子只好认输。这个漫画故事不好，它不是教孩子讲诚信，而是教人们靠弄虚作假，靠欺骗来取胜。

五

在结束前，我想再说几句：希望有更多的企业家和理论工作者来关心中国转型发展时期的市场开拓和企业经营管理问题。我曾经说过，管理不能代替改革。在体制改革没有到位之前，真正的市场主体很难形成，泛泛地谈加强企业管理只会将传统计划经济体制下的固有矛盾掩盖起来，而不能从根本上解决中国转型发展时期企业的出路问题。因此，当前中国经济的首要问题依然是企业体制改革。在企业体制改革不断取得成绩的前提下，加强管理，必定能迅速提高企业的竞争能力，开拓市场，取得成效。相应地，企业管理越有成效，市场越扩大，企业占有的市场份额越多，改革的成果就越容易得到巩固，这样，改革就能充分显示自己的生命力。

此外，应当看到农民购买力的增加对于市场开拓的重要性。企业要设法延长农业的产业链，帮助农民通过产业链的延长来增加收入，而且农村中的多余劳动力也会在延长了的产业链中得到就业岗位。这样，城乡互动的良性循环就会形成。

2004 年 4 月 22 日同北京企业界人士的谈话

怎样看待商务成本？

经济学研究的核心问题是资源配置，而任何一种资源配置都同选择有关。一个人不管在什么场合，只要有选择的可能性，他总是在不断地进行选择，并通过选择来更好地满足自己的要求。选择必然面临一个成本问题。现在人们所关心的商务成本，换个说法，其实也就是一种选择成本。社会经济环境如果能够使人们有充分的选择，以及通过选择更好地满足自己的要求，当然也就意味着选择时所面对的商务成本是能够接受的；反之，商务成本是高的、不能接受的。

我曾在《社会信任：经济学研究的新课题》一文①中说过，以选择作为划分的标准，可以把社会经济分为三个模型，即完全没有选择的社会经济、有着非常充分选择的社会经济，以及介于上述两个极端之间的、有一定的选择的社会经济。严格的指令性经济，就是完全没有选择的社会经济。一切都由指令安排好了，企业、个人只有服从，而不可能有选择。因此，在这样的经济生

① 参见《厉以宁北京大学演讲集》，经济科学出版社 2003 年版，第 218 页。

活中，由于制度性壁垒严，信息不对称，资源配置常常处于不合理状态，社会经济中实际的商务成本其实是巨大的，只不过这种成本大多数是潜在的、不透明的，人们无法予以较准确的估算，也无法进行合理的预期。

而在有着非常充分选择的社会经济中，既然每一个当事人都有非常充分的可供选择的机会和自主选择的权利，所有的生产要素又是根据市场需要流动的，那么，在这样的环境中的商务成本水平，实际上是活跃在市场这个大舞台上无数的人自由选择的结果。这样的经济生活，如江河湖海般是流动和活跃的，所带给人们的必然是无数的市场机会。这种环境下的商务成本，如人们较多关注的土地、人力成本，即使表面上看来在绝对量上要比没有选择的社会高，但因为它们是规范的、公开的、便于人们预期与估算的，相对于所创造的前所未有的巨大财富而言，人们为此进行市场选择的成本，实际上是比较低的。

可以把成本区分为“硬成本”和“软成本”。经济的发展必然带来土地、人力等“硬成本”的上升。而真正决定经济发展是否具有后劲的，是社会经济的“软环境”或“软成本”。市场经济的实践已经证明，市场、法制、信息、国际化程度，还有科技发展水平、交通便捷程度、人才综合素质等“软成本”是否具有优势，相对于土地、人力等“硬成本”而言，对经济的发展往往更具有决定作用。

所以，我们在谈到商务成本的时候，更多地关注“软成本”的选择，是必然的。一个地方，如果市场完善、法制健全、信息畅通、国际化程度日益提高，创造财富的机会必然增多，相对而言，商务成本自然会下降。我国是一个转型发展中的社会主义国家，市场经济发展至今，我们已经比过去有着多得多的可供选择的机会和自主选择的权利，但原有计划经济体制的影响（尽管这种体制正逐渐退出历史舞台）仍不可低估。所以，经济发展的“软成本”问题更值得我们注意。根据最近一段时间内各地所发生的商业纠纷或经营中所遇到的问题来看，有些地方的“软成本”之所以过高，可能有以下几种情况：

第一，一些行业的垄断和行政管制使得选择仍然受到限制，仍然存在滥用垄断权力和管制权力的现象。

第二，企业的现代企业制度尚未建立或健全。已经在市场中角逐，却又不遵守游戏规则的现象屡见不鲜。

第三，市场体系仍处于不断完善的过程中。一些有关市场建设的法律法规，或者推行不力、执法不严，或者宣传力度不足，以致“谁老实，谁吃亏；谁不守规则，谁得利”的错误看法仍然阻碍着市场的政策发育成长。选择难以自由，所谓“特殊公关成本”高得往往更会令人却步。

这种情况必然直接影响到外商投资，或者说，直接影响到一切投资活动。以外商投资为例，“特殊公关成本”既使一切投资者无法理解，更令他们望而生畏、畏而却步。而且，问题还不止于此。这可以从两个方面来解释：

一方面，中外经济合作在很大程度上是中外企业之间的合作。如果中国的政府职能不转变，国有大型企业就不可能是真正意义上的企业，在投资和经营上要受到政府的支配，这样，企业之间的合作就难以取得重大进展。即使投资者支出了“特殊公关成本”，效果仍是不佳的。

另一方面，如果政府职能不转变，市场就不可能完善，行业垄断将继续存在，企业间合作必然受到阻碍。同样的道理，投资者花掉的“特殊公关成本”并无实际效果。

因此，政府的职能一定要切实转变。而要转变政府职能，则要使政府工作侧重于社会管理和公共服务。过去，政府直接干预多，限制多，服务少，有效的服务更少。而在管理方面，又是经济管理多，社会管理少。这就容易造成政府的错位。

为了创造一个有利于经济发展的“软环境”，降低“软成本”，我们需要建设公共服务型的政府，而不是简单地对现有政府管理体制进行修补，或者仅对现有行政管理体制作一些调整。经济要转型，政府职能也要转型。政府要把宏观调控、就业、市场监管、社会保障、文教卫生以及为企业服务等工作做好。政府该管的要管，要管得有力，不该管的则交给社会和市场。以就业为例，市场经济国家总是把充分就业目标放在宏观经济政策目标之首。政府应当承担起促进就业的责任。一个城市，失业人数过多，社会不安定，投资环境不可能好，“软成本”也不可能下降。但这并不是说政府要把就业的担子挑在肩上。政府本身哪有这么多就业岗位？要依靠市场。投资环境好了，市场提供的就业岗位就多了。

政府既要成为社会管理型的政府，也要成为公共服务型政府。一个城市的政府的服务对象，一是市民大众，二是企业。就政府对企业的服务而言，政府不仅要为企业的投资、生产、经营创造好的环境，还要帮助企业解决所遇到的困难。例如，城市的燃料不足，政府该怎么办？这也不是说政府一定要投多少资来解决这些困难，而是说，政府要想办法来带动企业克服困难，如通过加强同铁路、航运、港务等部门的联系，确保供应燃料，避免因此影响生产。政府还可以对燃料消耗大、燃料消耗率高的企业进行指导，降低这些企业的生产成本和对燃料的过大依赖性。这同样是一种服务。此外，政府还可以支持科学研究单位对节约燃料的设备和生产过程进行研究，让它们在技术上有所突破，再加以推广。这也是政府可以从事的工作。总之，只要政府始终坚持把公共服务作为自己的重要职能，这必将改善城市的投资环境，降低商务成本，并提高企业的竞争力。

因此，对于现在人们经常提到的所谓商务成本问题，应当辩证看待。一方面，商务成本通过政府的努力，是可以下降的；另一方面，有的城市，即使目前表面上有似乎较高的商务成本，但不意味着经济活动一定不活跃。因为只要不是潜在的、隐蔽的、不明朗的商务成本，商务成本就可以估算，企业、投资者就会在预期成本和预期收益的对比中进行选择和决策。对于各地的发展来说，重要的是尽可能取消行业垄断、行政管制和规范权力的使用，也就是说，除了少数特殊行业外，其他行业都应当开放，容许一切有条件的交易者、经营者进入，参与竞争。建立现代企业制度和健全法人治理结构，将使企业改革不断深化，及早成为名副其实的现代企业。此外，如果诸如市场信息的传递、个人资信信息的查询、行业诚信信息的发布等信息系统的建设取得成效，那么人们从事经济活动、进行市场选择的商务成本，也会逐步降低。

那种仅仅从可计算的数额来评判商务成本的高低的做法，是不全面的。经济活动不可能没有成本，但只要是摆在明处的、透明的成本，因其具有可计算性，反而能带来人们对自身经济活动的合理预期，从而给人们以选择的自由。归根到底，经济活动中的决策是市场选择的结果，是人们自由选择的结果。当然，这并不是说，我们不必因地制宜地做好降低土地、人力等“硬成本”的文章。但“软成本”比“硬成本”更重要，则是确定无疑的。

在讨论商务成本时必定会涉及成本与收益的比较，而且收益还分为正收益和负收益。要知道，人们对负收益（损失）的关心往往大于对正收益（盈利）的关心。有一个故事说，某个公司的一个职工因本月份工作特别出色，月底那天，经理把他叫到办公室，对他说：“这个月你干得很好，额外奖给你 1000 元。”这个职工非常高兴，一回家就对老婆说：“今天得到额外奖金 1000 元。”老婆把手一伸，说快拿出来。这个职工把钱递给了她。她一数只有 900 元，就问道，怎么只有 900 元啊？这个职工再数一遍，果然是 900 元。那 100 元是怎么丢失的？就回忆当时的情景。自言自语地说：难道当时我没数？或者，数过了，但数错了？或者钱放在口袋里了，掏别的东西时弄丢了？……折腾了一夜也没睡着，烦恼得不得了。他为什么不想想，就算少了100元，还得到900元呐！这不也值得高兴吗？但他不这么想。他关心这100元的损失远远大于900元的获得。这个故事告诉我们：投资时一定要全盘考虑，不要一哄而上，不要追求轰动效应，要考虑负收益问题，要尽量避免损失。而在向投资决策者建议时，特别要提醒决策者注意负收益出现的可能性。否则，投资失误所引起的烦恼、后悔是免不了的。

2003年2月28日同北京大学光华管理学院
企业高层经理培训班学员的谈话

企业家应有环境保护意识

工商管理教育主要培养两种人，一种是职业经理人，一种是自行创业的人。这两种人的划分不是绝对的。比如说，一个受了工商管理教育的毕业生，可能受聘于某家企业，担任经理人，经过一段时间，由于出现了某种机遇，或者他本人认为条件已经成熟，他会辞去原来的职业经理人职务，独自或同他人合作，创办一家企业，做了创业者。另一种情况是：他先自行创业，办个小企业，企业越办越有成绩，名气也越来越大，这时，他被一家大公司看中了，被聘请去担任高级主管，于是走上了职业经理人道路。无论是先做职业经理人，再自行创业，还是先自行创业，再受聘为职业经理人，或者在职业经理人和创业者这两条跑道上跨来跨去，几度更换身份，都是正常现象。谁能在取得 MBA 学位时就断定自己这一生只能循一条道路前进？

出色的创业者、优秀的职业经理人，通常被称做企业家。这种称呼并不错，因为企业家从来不是一种职务，而是代表一种素质。只要具备了这些素质，就是企业家。在讨论到企业家的素质时，教科书上一般都把有眼光、有胆量、有组织能力包括在内，这也是对的。在谈到“有眼光”时，需要强调的是有战略眼光。企业家不仅要知道如何发现盈利机会，抓住盈利机会，还要知道长期的生存与发展之道。但作为一个企业家，不管他是职业经理人还是自行创业者，都必须有社会责任感，以往某些论著中把这一点忽略了。在有眼光，有胆量，有组织能力之外，再加上有社会责任感，这才全面地、完整地表述了企业家应具备的素质。

对社会负责，对环境负责，对历史负责，这正是企业家的社会责任感的体现，同时也是企业家具有战略眼光的反映。为什么在工商管理教学内容的安排中要加入环境方面的课程，要让学生们懂得一些有代表性的环境案例，正是从企业家必须具有社会责任感这一高度考虑的。当然，任何企业都要知法守法，认识到破坏环境和造成环境污染是违法行为。如果一家企业为了牟利而触犯了相关法律法规，无疑会遭到惩处，并会大大损害企业形象。为此，企业领导人必须有环境意识和环境法律意识，必须制定科学的环境管理制度，并严格遵守。但企业领导人能认识到这些，还只是初步。深入一层看，如果企业领导人懂得只有节约资源，降低成本，才能增加企业的竞争力，那就又进了一步。但这仍然不够。一个有社会责任感的企业领导人，一定要清楚地认识到，企业的目标是多元的。利润目标即使十分重要，那也只是目标之一。如果企业只顾赢利，不考虑环境问题，损害了企业职工的健康，损害了社区居民的健康，损害了产品用户的健康，那么这肯定是企业领导人缺乏社会责任感的反映。这样的企业领导人岂止不符合企业家的条件，他实际上是不配担任领导人的。他为本企业赚的钱再多，他仍然不配做企业领导人。为什么？因为他给社会造成了损害。在企业目标多元化的前提下，企业家必须懂得自己肩上所负的社会责任重担。这里所说的社会责任，包括对人的关心和爱护，对子孙后代的关心和爱护。

企业一定要着眼于效率问题。对企业来说，在市场经济条件下，效率是受市场调节的。利益的驱动就是市场调节作用的表现。每一个资源投入主体为了取得利益，必须根据市场上生产要素的供求状况与价格水平来组合生产要素，提高效率。因此，企业要关心职工，关心消费者，关心客户，这与提高企业效率有关。应当认识到，在市场经济中效率背后的机制实际上就是利益机制或市场机制，资源投入主体的利益最大化就是它所追求的目标。这样，利益驱动与目标吸引在效率问题上是统一的。

由此引入“以人为本”问题。企业应当“以人为本”，对职工的关心和对客户的关心，从效率目标或效益目标看，理应成为企业考虑的问题。但仅仅从企业效率的角度来理解“以人为本”是不够的。正如前面已经提到的，企业的社会责任之一在于保护环境。一个不注意环境问题的企业，能做到“以人为本”吗？一个不关心环境对社区居民及其家庭影响，不关心子孙后代的利益的企业，怎能称做“以人为本”？为了保护环境而必须有所投入，即使会降低效率，减少盈利，也是应该的，因为这是企业的社会责任。

从事企业工作的人，应当关心社会和经济的可持续发展，学一学可持续发展经济学。

可持续发展经济学是经济学中一个新的分支学科，它是形成于经济学与人口、环境、资源、生态等学科之间的交叉地带或边缘地带的一个新的分支学科。而在经济学内部，它又同发展经济学、人口经济学、教育经济学、城市经济学、产业经济学等学科有交叉之处。可持续发展问题是上述各个学科（不管是经济学以外的学科，还是经济学内部的学科）共同关心的问题，也是所有这些学科的研究者需要共同探讨的问题。可持续发展的重要性，已经被越来越多的人所认识。可持续发展之不易，也已经越来越被经济增长的事例所证实。因此，作为一个新世纪的企业家，不能没有环境保护意识，不能不懂得可持续发展经济学。

2004年4月25日同北京大学光华管理学院
企业高层经理培训班学员的谈话

新《会计法》与公司治理

企业行为的约束与激励机制产生于科学的、规范的法人治理结构，法人治理结构是企业制度的核心内容。修订后的《会计法》的施行（根据中华人民共和国主席令第 24 号，修订后的《中华人民共和国会计法》自 2000 年 7 月 1 日起施行）将对建立健全企业法人治理结构产生积极作用，而健全的公司法人治理结构又是有效贯彻实施新《会计法》的前提和保障。因此，在这里，我准备讲三方面的内容：一是会计秩序紊乱对公司治理的阻碍；二是健全公司法人治理结构是依法进行会计核算的前提；三是发挥会计监督的作用与公司治理。

一、会计秩序紊乱对公司治理的阻碍

在新《会计法》颁布实施之前，经济生活中因会计秩序紊乱而造成的会计信息严重失真，直接制约着公司的改革和发展。

（一）会计秩序紊乱的若干表现

会计秩序紊乱主要表现在以下方面：

1. 会计资料不真实，不完整，伪造会计凭证和会计账簿，提供假账和假的财务会计报告。

2. 不依法进行会计核算，缺乏记账基本规则，造成账实不符，账证不符，账账不符，账表不符。

3. 缺乏会计监督，缺乏内部制约，单位负责人指使、强令会计人员违法做账现象较为普遍。

4. 发现了会计工作中的重大问题而缺少追究责任与处罚。

（二）有些效益较好的企业为什么后来会垮掉

造成企业经营失败的原因有多种，其中，部分原因与会计秩序紊乱直接相关，具体地说，有以下几种情况。

1. 出了成绩，盲目扩大规模，背上了债务包袱，结果负债累累。这与会计秩序紊乱有关。照理说，企业规模扩张可以产生一定的规模经济效益，但规模扩张应有一定的限度，即企业的现有财力和资本结构以及企业产品的市场前景等因素决定着企业如何进行规模扩张以及规模扩张的程度。会计秩序紊乱，账目不清，会导致错误决策，以至于超出企业财力等因素的限制而盲目借债扩张，必然形成过度负债，使企业陷入困境。

2. 出了成绩，主动或奉命兼并一些企业，得了“企业兼并后的消化不良症”。这也与会计秩序紊乱有关，因为被兼并的企业会计违法做假账，必定连累兼并方；而兼并过程中缺乏会计监督，又常常使兼并方受到严重损失。

3. 有了盈利之后，放松了财务检查，不注意财务管理上的漏洞，结果漏洞越来越大。这同样与会计秩序紊乱有关。

4. 有了盈利之后，各方向企业伸手要钱要物，企业不堪重负。好企业变成了亏损大户，这又与会计秩序紊乱、特别是与缺少会计监督有关。

（三）会计秩序紊乱怎样延误企业改革

企业改革有两种导向：一是利益导向，二是危机导向。利益导向是指企业尽管目前状况很好，但考虑到未来可能取得更大的利益，因此，为了获取潜在的更大利益，积极推进企业改革。危机导向是指企业面临着严峻的经营危机，难以生存，到了走投无路之时，才想到改革和着手改革。

目前，我国许多国有企业的改革并不是利益导向，而是危机导向。为什么企业改革的危机导向会成为主流？一个重要的原因是会计秩序紊乱。因为会计秩序紊乱，会计信息失真，企业对自身的经营状况和整个经济的运行状况缺乏全面、准确的判断，一方面造成企业在经营状况较好时，看不清可能会面临的困难和危机，难以“居安思危”，也就不可能通过改革防范危机，只有危机临头才想到必须改革；另一方面造成企业不了解未来的利益是什么，有哪些潜在利益，如何获得潜在利益，也就使企业改革难以遵循利益导向。会计秩序紊乱既给企业本身以错觉，又给政府主管机构以错觉，从而延误企业改革，错过了大好时机，造成企业改革被动，难度大，成本高，见效慢。为使更多的企业遵循改革的利益导向，必须贯彻实施新《会计法》，规范会计秩序。

（四）会计秩序紊乱怎样阻碍公司治理

企业会计信息是企业决策的基本依据，会计秩序紊乱导致会计信息严重失真，严重阻碍公司治理，主要表现在以下方面：

1. 由于会计秩序紊乱，公司决策层不知道公司的主要问题究竟在哪里，也不知道公司治理应从何下手。

2. 由于会计秩序紊乱，企业决策层难以依据企业存在的问题，如经营成本过大、资本结构不合理等，制定切合实际、有效可行的治理对策。在此情况下，即使是更换企业领导人也无济于事，因为这是一个制度问题，而不是某个领导人的能力问题。

3. 由于会计秩序紊乱，不能弄清楚谁该对前一阶段的经营损失承担主要责任，结果挫伤了职工群众的积极性，人心涣散，难以使公司通过治理真正走上正轨。

以上情况表明，会计秩序紊乱是阻碍公司治理的重要因素。修订后的《会计法》，必将规范会计行为，整顿会计秩序，为公司治理扫清障碍。

二、健全公司法人治理结构是依法进行会计核算的前提

（一）健全公司法人治理结构的含义

公司法人治理结构是公司制的核心。公司法人治理结构是由具有不同职能的组织机构组成的。公司在经营管理活动中有三项基本职能，即决策职能、经营执行职能和监督职能，相应执行这些职能的组织机构是股东会、董事会、经理、监事会。建立公司法人治理结构就是要明确股东会、董事会、监事会和经理的职责，各负其责，并形成有效的制衡机制。

这里有一个问题需要做进一步的解释。有人认为，公司法人治理结构层次多，容易形成互相扯皮和推诿，造成决策效率低，不如个人集权条件下，“一人说了算”。这种看法是不正确的。公司法人治理结构的设置是为了防止经营过程中最坏的情况发生，如果决策、执行与监督三方组织结构健全，要做出比如导致国有资产大量流失、重大投资损失等完全错误的决策是不容易的。“一个人说了算”，可能导致极大的决策错误。再说，我们所说的决策效率，所强调的是长期效率，而不是近期效率；或者

说，是长期效率与近期效率的综合考虑，而不是片面的、临时的效率。

在公司法人治理结构中，各类组织结构的职责如下：

1. 所有者对企业拥有最终控制权。在公司制企业中，投资主体可以是法人，也可以是个人。企业自负盈亏实际上是投资者共负盈亏：企业赚了钱，投资者按照投资比例（入资份额）或产权比例分得红利；亏了钱，投资者按照投资份额承担损失。所有者实际掌握着企业财产的最终控制权，所有者对企业财产的最终控制权是通过股东会来行使的。股东会是企业非常设的最高权力机构，决定企业重大经营决策。

2. 董事会维护出资人权益，贯彻股东会的意图，对股东负责。凡是公司的重大问题，都要由董事会做出决策。董事会不直接经营企业，而是要聘任经营者，即经理。

3. 监事会对企业财务和董事、经营者行为进行监督。监事由两部分组成，一是由股东选出的监事，在代表公司整体利益的同时，代表股东利益，监督企业在经营过程中不得侵犯股东利益；二是由职工选出的监事，在代表公司的整体利益的同时，代表职工利益，特别是维护职工劳动安全、福利等方面的利益。

4. 经理由董事会聘任和解聘，直接对董事会负责，主要职责是执行董事会决策，负责公司日常经营业务和管理。

健全公司法人治理结构就是让上述职责真正落实。要发挥公司法人治理结构的作用，就是要发挥股东会、董事会、监事会、经理的作用，让他们明确责任，各尽其职，各负其责。

（二）公司法人治理结构不健全必然难以依法进行会计核算

公司法人治理结构不健全，一般是指股东会、董事会、经理和监事会的机构设置不全或职责不到位，表现为政企不分、产权不清、责任不明等。

1. 假如企业是政企不分的，公司法人治理机构是不健全的，公司没有自主权，不能独立地发挥作用，也就很难依法进行会计核算。

2. 假如企业资产无人负责，投资主体缺位，不知谁对企业资产负责，无人关心公司的经营，也就无人真正关心企业是否依法进行会计核算。

3. 假如公司内部分工不明，分工不明必然责任不清，事实上也很难依法进行会计核算。

由以上分析可以看出，要依法进行会计核算，必须让公司法人治理结构充分发挥作用。

（三）健全公司法人治理结构与会计秩序的正常化

1. 股东会真正发挥作用后，编造虚假利润或隐瞒利润的情况将受到股东会的质询。编造虚假利润或隐瞒利润，实际上是对股东的欺骗。如果是上市公司，则是对广大股民的欺骗。这直接关系到股东的切身利益，必然受到股东的抵制。公司的董事会应对股东会负责，股东会有权对公司的董事会提出质询。

2. 董事会真正发挥作用后，为了不至于决策失误，必须使会计秩序正常化。会计信息是董事会决策的基本依据，会计信息真实可靠是董事会做出科学、合理决策的基本条件。如果企业会计信息不真实，账实不符、账证不符、账账不符、账表不符，董事会缺乏决策的依据，也就难以正确决策。董事会决策失误，必然使股东蒙受损失。因此，董事会为使决策科学合理，必须促进会计秩序正常化。

3. 监事会真正发挥作用后，将会加强对公司财务的监督核查，以尽责任。一般地说，监事会发挥财务监督作用，实际上等于是在公司内部先把一道关。凡是不符合新《会计法》和有关财务规定的，监事会先审核。监事会对公司负责，也就是对股东和职工负责，如果公司出了问题，股东和职工的利益都会受到影响。股东和职工的利益受损，等于监事会失职。

4. 经理在履行职责时，自己必须遵守会计制度，也应督促其他职员如此。公司经理是由董事会聘任的，必须依据公司章程和有关法律规定来履行职责，如必须执行统一的会计制度，督促公司所有员工严格按照新《会计法》和有关财务制度办事，这样，公司法人治理就处于规范状态，公司的财务管理就能走上正轨。

（四）健全公司法人治理结构与会计责任的追究

在企业经营过程中，如果不依法进行会计核算，致使公司出现了亏损，必须追究责任。如果责任不清，则很难有效贯彻实施新《会计法》。而在公司法人治理结构健全的情况下，责任是清清楚楚的，有利于会计责任的追究。具体地说：

1. 责任不明，相互推卸，难以追究会计责任。健全公司法人治理结构以后，责任是明确的。

2. 会计人员不依法做账，很可能是受到上级的指使，如命令、强迫、暗示等。只有把责任查清楚，才能追究责任。

3. 会计人员不依法做账，也有可能是受到了某种压力，不能简单地责怪会计人员。比如说，会计人员如果不按上级指示编造假账，有可能被辞退。因此，《会计法》必须保护会计人员依法履行职责，要追究强迫者的责任。在有《会计法》保护的情况下，会计人员无论何种原因做了假账，包括受到强迫、指令等，会计人员就必须承担相应的责任。

由此可见，《会计法》在企业工作中落实，需要有健全的法人治理结构，因为有了健全的法人治理结构，才能把责任真正明确到人。

三、发挥会计监督的作用与公司治理

（一）会计监督与公司董事会的责任

1. 董事会有责任制定公司年度的财务预算方案、决算方案、公司利润分配方案和弥补亏损方案。制定这些方案，依赖于准确的会计信息，要求账目必须准确、清楚。为此，董事会必须对会计工作进行监督。

2. 董事应严格按规定程序产生，并建立董事责任赔偿制。这既可以保证董事能代表出资者的利益，又能使董事对公司决策加强责任感，这也有利于会计监督的进行。

要进一步明确的是，公司董事必须是依据《公司法》选举产生的。董事不能指定，股东既然是投资主体，就要选举董事，并组建董事会。这样，董事才有对公司股东负责的责任感。董事会履行了这些责任，就能够发挥好会计监督的作用，保证会计工作依法进行。

3. 董事长、董事都不得指使、强令会计机构、会计人员违法办理会计事项。

（二）会计监督与公司监事会的责任

1. 监事会的职权在于检查监督公司的财务，因此必须监督会计行为。

2. 监事会有权对董事、经理执行公司职务时违反法律、法规或公司章程的行为进行监督，并监督董事与经理是否有损害公司利益的行为，因此，也必须进行会计监督。

3. 专职监事更能起到会计监督作用。监事对公司的财务监督属于企业内部监督。专职监事与兼职监事相比，能够更好地发挥作用。兼职监事往往只挂名，起不了监督作用，也难以履行监事的职责。专职监事可以设立接待室。

4. 必要时，监事会可以外聘会计师来协助工作。

（三）会计监督与公司经理的责任

1. 公司经理是由董事会聘任的。财务负责人由经理提名，由董事会聘任。特别是主管财务的副经理，更应直接督促贯彻新《会计法》，这是其分内职责。

2. 公司内部的会计监督制度，按照《公司法》规定，是由公司经理拟订的。主要是：经济业务事项和会计事项的审批人员、经办人员、财物保管人员、记账人员等要相互分离，相互制约。

3. 公司内部要有稽查制度，在监事会实施监督的同时，要派稽查员加强监督。公司稽查制度一般由经理负责推行。

4. 经理、财务负责人都不得指使、强令会计机构、会计人员违法办理会计事项，会计责任一定要明确。如果有人指使做假账，就必须负法律责任，这样才能使公司的财务管理走上正轨。

（四）会计监督与公司股东会的作用

1. 谁来监督董事长？董事长是公司的法人代表，董事会是公司的决策机构，董事会及董事长在依法进行会计核算方面有举足轻重的地位。但谁来监督董事长呢？按照《公司法》的规定，由股东会监督。董事会、董事长是否称职，由股东会评定。

2. 谁来监督监事会？如前所述，公司的监事由两部分人组成，一部分是股东会选派的，一部分是职工选派的。股东会选派的监事一般侧重于公司财务的监督，职工选派的监事一般侧重于劳动安全、职工工资福利实行状况的监督。股东会对自己选派的监事理所当然地具有监督作用。

3. 实行代理投票制，可以把分散的股票集中起来，有助于加强对董事会、监事会以及公司财务、经济状况的监督，这样也就有利于会计监督的进行。在公司的决策中，大股东有决定权，但小股东可通过职工持股会等代理投票制形式集中股权，增强小股东在企业决策中的影响力。目前，在大股东股权比较集中的情况下，为进一步健全公司法人治理结构，应积极发挥小股东的作用。

总之，新《会计法》的施行，将会大大地促进会计秩序正常化，为充分发挥公司治理的作用扫清障碍。而健全的公司法人治理结构，则是有效贯彻实施新《会计法》，保证企业依法进行会计核算的前提。两者相互影响，共同促进。

中华人民共和国会计法电视广播讲座：《会计法讲座》，中国广播电视出版社 2000 年版

为社会输送更多更好的会计专业人才

今天我们很高兴能聚集在这里，与新闻界的朋友一起来关注北京大学光华管理学院 MPAcc（会计专业硕士）项目的启动工作。

我主要谈两个方面的内容：一是光华管理学院为什么要办 MPAcc？二是光华管理学院办 MPAcc 的优势。

中国的改革开放已经进行了二十多年了，取得的成就是有目共睹的，举世关注的。大家知道，中国经济改革的核心与巨大的成就之一就是使企业成为自主经营、自负盈亏的经济实体。作为新形势下国家经济发展的微观经济单位，企业在国民经济中的作用非常重要。而现代企业经营的成功与否，与企业的经营管理水平、特别是财务管理的水平又紧密相关。因为企业经营的成功在很大程度上取决于决策的成功，其中对财务信息的有效掌握与运用是决策成功的基础，而这一点，又取决于企业是不是有一个能干的、经过良好的职业训练、具有良好的职业素养的财务经理。在一定程度上可以说，企业是否拥有优秀的财务管理人员，能否从财务管理的角度与实现公司战略相配合以促进公司的发展，决定了企业未来生存空间的大小。

但是，目前我国优秀的财务管理人员的现状远远不能满足国家经济发展与企业发展的需求。就拿我国的注册会计师的情况来说，全国的注册会计师共有58133人，但有硕士以上学位的人只有1162人。这个比例大家可以自己算一下，是很低的。企业的高级财务人员的情况就更不容乐观。到目前为止，已经毕业的一些会计专业的硕士毕业生，大部分的流向都是出国深造或工作，或者进入了金融证券业和外资企业，真正到需要优秀的高级财务管理人员的企业（比如国有企业、混合所有制、民营企业）去的，很少。

这表明，为了适应国家经济发展的形势，我们的企业需要有大量优秀的高级财务管理人员（财务经理或财务总监）。作为一个追求成为世界一流的商学院的北京大学光华管理学院，正致力于为社会各界培养优秀的管理人才，其中会计、财务、金融等学科是学院教学、研究的重点。MPAcc项目的推出，是对学院现有会计专业教学工作的补充和促进，希望通过北大光华管理学院的努力，培养出更多的高素质的会计专业人才，促进企业会计业务水平的显著提高。

另外，北京大学光华管理学院历来都追求为国家的经济改革与经济建设贡献自己的一份力量，这是我们的传统，比如，股份制的提出，到“企业改革核心论”的验证，以及证券法、证券投资基本法的起草等等。我们希望通过培养优秀的会计专业硕士（MPAcc）这样的方式，也为国家的经济发展贡献我们自己的一份力量。

当然，我们也希望通过办这个项目，能使我们的会计专业教育水平得到更快、更大的发展。

现在，我来谈谈第二点：北京大学光华管理学院办MPAcc

的优势。

这次国务院学位委员会共批准了21所高校开展会计硕士专业学位教育试点工作，我们是其中的一所。不少人认为，北京大学光华管理学院是最好的培养基地之一。

我们的优势有哪些？专业方面的优势已由会计系教授们作了具体说明。我主要想从三个方面来谈：北大独有的人文环境、北大光华管理学院一流的师资力量和宝贵的校友网络资源。

关于北大独有的文化环境，我在这里不多说了。北大作为中国最优秀的大学之一，其深厚的文化底蕴是独具魅力的，可以使一个人受益终身。我常常跟学生说的一句话是：当你进入北大时，你以北大为豪；当你工作以后，应该让北大为你自豪。那么现在，我想说的就是，到北大光华来读MPAcc，为你们提供了一个为北大、为光华、为自己骄傲的机会。你在北大光华学习，就沉浸在北大的氛围中，受到北大的关怀。正是整个北大在培养你，因为你已经是北大的一分子了。

另外，北大光华管理学院拥有许多在国内外有广泛影响的著名学者，他们在学术上的成就与贡献是显著的，他们具有很高的声望，其中不少教授在各自的事业领域内取得了突出成就。学院具有博士学位的教师比例在全国遥遥领先。来这里攻读会计硕士专业，你可以近距离地接触到这些名师。在北大光华管理学院读MPAcc，你除了能得到一流的专业训练之外，还有机会利用管理学院的其他资源，你的知识面会更扎实、更宽，北大光华管理学院能为你提供更高的平台。

北大光华管理学院的MBA、EMBA教育经验是会计硕士专业教育取得成功的保障。学院的MBA、EMBA教育，连续几年在各种排名中名列前茅。同时，学院领导层对各专业领域的发展（包括会计硕士专业）非常重视，这几年除了加大各系师资力量的建设外，还为学员们提供了国内一流的图书资料中心、电子数据库、计算机实验室和具备案例教学功能的多媒体教室。北大光华管理学院1号楼虽然有11000平方米建筑面积，但已不够用了；2号楼（建筑面积29000平方米）已经开工，届时，学院的会计硕士专业的建设将会得到更好的软硬件支持。

北京大学光华管理学院的校友遍布国有企业、混合所有制企业、外资企业、民营企业，不少在高科技、金融、证券、市场营销、房地产等各个领域从事工作的人，已成为本单位的骨干力量。有些校友在中央和地方政府部门工作。学院校友会已经建立，并在一些省市建立了分会。事实证明，北大光华管理学院已经成为独具魅力的教育品牌。

我们说，高度决定未来。不同的起点将会决定不同的人生职业规划。北京大学光华管理学院 MPAcc 为大家提供了更高的职业发展平台。

相信我们的 MPAcc 项目一定能办好！

2004年7月1日在北京大学光华管理学院
会计专业硕士项目启动会议上的讲话

对外投资中的人才供给

——车耳著《投资西方》一书读后

车耳是我的学生。他读完研究生，离开北京大学经济系以后，大部分时间在国外工作。他先在法国，后来转到美国。他曾担任国内一家大型金融企业的驻外首席代表，同欧洲和美国的多家金融企业、工商企业打交道，对资本市场的业务相当熟悉。我到法国访问时，他专门为我安排了几次同法国金融家、企业家的座谈会，而我在美国纽约访问时，同华尔街银行界、证券界人士的几次晤谈，也是他联系的。他生长、求学在中国，又在欧洲和美国有长期商务工作的实践，他根据自己的经验和体会而写作的这本《投资西方》，很有特色。

车耳在这本书中，把中国的对外投资分为四个类型：

一是寻找低成本型。外商之所以愿意到中国来投资，原因之一在于中国工人的工资低廉，所以在中国出现一批来料加工的外资企业，原料是进口的，市场也在国外。中国对外投资时，寻找低成本是一种类型。但根据车耳的分析，中国对外投资不会以这种类型为主，因为中国的工人既勤劳，又工资低廉，要在世界上其他国家和地区寻找比中国更勤劳又更廉价的劳动力，并非易事。

二是扩大市场型。这是一种可以绕开非关税壁垒，同时还可以省去海上运输费用和保险费，对产品实行售后服务以便利客户的对外投资，适合于中国企业扩大海外市场。车耳举例说，美国本国生产的冰箱体积一般很大，适合于厨房用，而中国的海尔集团在美国设厂制造小型冰箱，可以放进学生宿舍，还可以当写字台用，在美国销路很好。这就是扩大市场型对外政策的一例。

三是战略资源型。这一类型的对外投资，着眼于国内较稀缺的资源的稳定供应，是具有战略意义的，而且产品销路没有问题，利润可观。例如，石油、铁矿、纸浆都是国内供应不足的资源，中国企业投资于国外的油田、铁矿矿山和森林纸浆的生产，就是明显的例证。

四是利益驱动型。在车耳看来，这种类型的对外投资更多地是从长期收益、综合收益的角度来考虑的。车耳举例说，如果一家中国公司在国外收购了一家上市公司，可能是出于多方筹资和减少对商业银行的依赖的动机；如果一家中国公司在国外投资建厂，也可能是为了打造本公司的形象，使之具有“跨国公司”的色彩，以便此后有更大的发展，等等。

车耳在上述四种对外投资分析的基础上得出自己的看法：中国海外投资近年内可望有较大的增长，并将以后面三种类型的投资为主。他的看法是有道理的。

在这里，我想就车耳由于篇幅所限而较少涉及的一个与海外投资有关的问题多说几句，这就是海外中资机构对外方高级经理人员的聘用。为什么我会提出这一点，因为我有一些学生在多年的海外投资实践中碰到了这样的问题。他们对我说：这真是左右为难，要在国外开展业务，如果全用国内派出的高级经理人员，他们对当地的金融、贸易、税务、法律还不大熟悉，有时会吃亏，甚至业务也无法扩大；如果聘用了外方的高级经理人员，那又会带来其他的麻烦，比如说，假定所聘用的人不是精明能干的，你付出的报酬很高，但收益很少，得不偿失；假定所聘用的人确实精明能干，使你感到十分有利于业务的拓展，但他会不会长期受你聘用呢？他如果乘机开出更高的价码（要涨工资，要拿巨额回扣，要参与分红），否则以离职相要挟，怎么办？如果他走时把客户关系也带走了，怎么办？如果他不仅带走了客户，还带走了一批得力的员工，又怎么办？这些姑且不谈，如果他还做了手脚，捅出了你的商业秘密，隐匿了你的合法收入，甚至拐骗了你的财产，你怎样处理？如果诉诸于法庭，他人地两熟，你人地生疏，你拿他有什么办法？难怪有的学生凭海外投资的经验告诉我：要聘到一个能力强、关系广、勤于职守而又忠诚可靠的外方高级经理人员，真难啊！要让具有上述优点的外方经理人员长期被你聘用，那就更难了。

这是一个海外投资过程中回避不了的问题。到目前为止，我还不曾听到有什么最好的对策。经济学和管理学都研究选择问题，选择无非就是得失的比较、利弊的权衡、盈亏的考量、局部和全部的斟酌、近期和中长期的估算，等等。用人问题也应当纳入选择的范围内。人无完人。能用人之所长，就是成功的秘诀。

有人告诉我一个故事，说五个手指伸出来，每一个指头都诉说自己的长处，要争做第一名。大拇指说，“我最粗”。二拇指说：“我最灵活”。中指说：“我最长”。第四个手指说：“我最珍贵，因为结婚戒指是戴在我上面的”。轮到小拇指说话了，大家想，他能说些什么呢？挖耳朵，这不算。小拇指说：“每次朝圣拜佛时，都是我领队”。果然如此，两手一合掌，小拇指在最前面。可见，各有所长，谁也不必抹煞对方。这表明，用人与容人是一致的，每个人总有长处。

那么，对于所用之人的短处或缺陷呢？无非有三种办法可以采取。

一是采取防范措施和制裁措施，制度要健全，招聘人员要有一定程序，要严格把关；奖罚要分明，当断即断，不拖泥带水，不敷衍了事，这样，即使出了问题，处理快速，损失也不会太大，而且足以告诫其他人，切勿再犯类似的错误。

二是要以诚待人，用人不疑，疑人不用，将心比心，使得所用之人感到在这样一种平和的环境中工作，心情舒畅，认为自己有发展才能的天地，即使外单位想挖他走，他也会权衡比较，不会发生对方一出较高工资，拔腿就走的情况。

三是领导人本身要严于律己，以身作则。自己坐得正，站得稳，还怕管不了下层？一些单位经常发生这样的事，即领导人自己不检点，或做了见不得人的事情，被别人抓住了把柄，于是也就管不了下面了，下面捅的娄子也越来越大了。

以上说的三种措施是缺一不可的。关于用人时如何看待别人的长处和短处，用其所长，避其所短，或防其短，能够总结的也无非是这样三点而已。

其实，岂止在海外投资方面用人应当如此，在国内投资中用人，不同样应当如此吗？聘用外方人员也好，聘用中方人员也好，道理都是同一的。凡是企业家，全都应当懂得这个道理。

车耳：《投资西方》，中信出版社 2003 年版

从贵州毕节地区的发展看西部大开发

贵州毕节地区10多年来发展很快。过去，毕节地区财政收入为贵州全省九个地、州、市的倒数第一位，现在一跃而为全省的第三位。GDP平均年增长率10.95%，高于全国、全省的经济增长率。农民人均纯收入从1983年的226元上升到2003年的1473元。人口自然增长率从21.20‰下降到11‰。这些成绩的取得是可喜的。从毕节地区的发展可以得出一些经验，供西部其他省份和地、州、市参考。

下面准备就几个问题提出我的看法。

一

首先讨论经济增长问题。

要认识到，全国的经济增长不等于本地区的经济增长。全国经济增长可能比本地快，也可能比本地慢。问题不在于快、慢。

我们应从另一个高度来看待这个问题。

全国经济增长快对毕节地区来说有利也有不利。有利在什么地方呢？有利的是：全国的经济增长了，毕节作为国家所关心的一个贫困的地区，财政支持的力度就可能会大一点，这是有利的；毕节地区需要同其他经济地区进行经济合作，全国的经济发展了，这种经济合作的可能性就加大了，机会也会更多了，农民在外地就业的机会也多了，这是有利条件。但必须看到，全国的经济增长对毕节地区也有不利的地方，看不到这一点是不对的。比如说，农产品价格上涨，粮食价格上涨，对种粮地区，如安徽、河南、湖北、湖南，它们是大面积生产粮食的，农民收入可以增长。但毕节地区不是以种粮为主，这样就要购买涨价的粮食，支出就增加了。此外，各种原材料上涨，如钢材价格上涨、石油价格上涨、水泥价格上涨，对正在加紧建设的毕节地区来说也是不利的。再比如说，全国经济增长快了，运输就紧张了，而毕节地区很多产品是要向外运的，又有很多产品要运入，这样，成本就增加了，这种情况同样是不利的。还有电力供应紧张问题。电力紧张，虽然毕节今后有可能成为能源基地，但当前还不行，一些电站还在建设之中。电力供应紧张，比如化肥厂限电了，一停就是一个月，也会有影响。所以，两方面都要考虑。我们要研究怎么利用全国经济增长对毕节有利的因素，研究全国经济增长对毕节地区有哪些不利的方面，及早采取对策。

从毕节地区近几年的发展情况看出来，一个落后地区的经济要较快上去，必须准确地找到一个能带动本地区经济发展的主导部门。主导部门在哪里？我是这一届中央智力支边扶贫协调小组毕节地区试验区专家顾问组组长。上届专家顾问组在这里进行了一系列的研究，取得了很好成绩。现在，北京大学光华管理学院也派出了考察组，帮助毕节试验区制定中长期的发展规划。我们研究了毕节地区中长期经济发展的主导部门问题。

从近期看，采煤和发电，可以成为带动毕节地区经济发展的主导部门；而从中长期看，主导部门应该转到煤化工。采煤可以对近期的经济起到带动作用，但煤作为燃料发电或运到外面去销售，毕节地区仍然是生产原料的地区。假如这里在产煤的同时也发展了煤化工，煤的附加值就大了，所以毕节地区中长期经济发展的主导部门应该是煤化工，当然也不能放松采煤、发电。将来的发电主要是水力发电，烧煤发电也可以搞，但从长远来说，水力发电的潜力更大，可以减少环境污染，对煤炭资源的合理利用也有好处。

主导部门可以带动很多行业发展。从经济学分析，主导部门之所以能带动当地的经济发展，靠三个效应。一是投入产出效应，这就是说，某个部门发展了，为了发展这个部门，就要供给它多少原材料等等，这样就带动了原材料生产部门的发展，这就叫投入产出效应。二是区位效应，这个主导部门的企业在什么地方，必定把所在地区的经济带动起来了，这个区域就会发生变化。第三是诱发效应。诱发效应就是说，今天不存在这种效应，但如果有了主导部门，就会诱发许多新的行业出现。

总之，毕节地区在研究下一阶段的规划中，要抓住主导部门。能够长期支撑毕节地区经济增长的是煤化工，一定要在这方面多下功夫。还应该看到，主导部门不是惟一的拉动力量。把煤化工作为主导部门，是根据毕节的情况来定的，西部其他地区的每一个地、州、市要找准自己地区的主导部门。

二

毕节的优势究竟在哪里？毕节的优势不仅是煤炭资源丰富、水力发电资源丰富。此外，在农业、畜牧业上同样是有优势的。

从农业上来说，毕节地区是全国最好的生产烟草的基地之一，也是全国最适合烟草生产的地区之一。在畜牧业上，从毕节往西看，从赫章到威宁这么大的地区，将来应该是畜牧基地。把农业、畜牧业都抓住了，农民的收入当然就提高了，这就是优势。

另外还有什么优势呢？通过考察，毕节地区有很多旅游资源。旅游资源将对毕节地区的发展起到相当大的作用，它能够吸纳就业，能够增加农民收入，能够繁荣县域经济。比如草海，一般人都不大知道。草海将来作为生态旅游点，现在就要创造条件把它作为生态旅游区来发展。再比如织金洞，这么大这么奇妙的溶洞，的确相当好，但要做宣传。再比如说，大方县奢香夫人遗址的开发，是重要的人文旅游资源，这些都是我们的优势。

要把这些优势变为现实，该怎么做呢？这就涉及资源转化为资本。资源要开发，开发资源就要投资，钱从哪里来？因此西部人有这么一句话，“我们是捧着金碗要饭”。现实的问题是开发资源的资本从哪里来。要想办法把资源转化为资本。比如说，毕节地区的水力资源很丰富，怎样加快水力资源的开发？一定要采用投资者分享利益的方法。投资者能够享受到水力发电后带来的利润，他就愿意来投资了。要农民搬迁，农民也可以拿土地使用权入股。在这种情况下，股份制就是分享未来利润的最好形式。如果完全靠国家或依靠政府投资，即使政府投资了，但起的作用远不如用股份制分享未来利润吸引投资者的效果好。再举一个大家一看就明白的例子。为什么这些年我国的高速公路建设这么快，就是政府采取了资源转化为资本的方法。为什么投资人愿意投资建设高速公路，有一个条件，那就是修好后若干年内享有收费权。人们愿意投资，就是把未来的效益考虑进去了。这样，许多地方的高速公路就发展很快。不采取这种办法，人家怎么会投资修高速公路，修水电站呢？

再说，如果开发草海，把草海作为一个旅游资源，作为项目来开发，就要引资。这就既要把当地生态保护好，又要吸引内外投资者来投资、开发。赫章夜郎遗址古迹的开发，同样需要把资源优势转化为资本优势，进行开发。旅游开发的任务是：既要保护环境，保存古迹，同时又要更好地开发当地的旅游资源。草海这么大面积，可以适当发展畜牧业，同样可以采用现代企业的经营方式。这是新课题，就摆在我们面前。

政府起什么作用呢？政府的作用在于规划。假如没有规划，资源再好也可能浪费了。政府还要把外面的资本引进来，起牵线搭桥的作用。毕节地区上上下下都应该有充分的信心。谋事在人，成事也在人。过去讲“谋事在人，成事在天”，不是这样的，谋事成事都在人。

三

有人告诉我毕节地区的群众还保存不少的旧观念。例如，宁肯守着门口一小块地，过穷日子，也不愿意外出打工。其实，观念是可以改变的，政府光给群众讲大道理是不行的，要培养一些人，起示范作用。外出打工的得到了好处，慢慢富起来了，别人就会效仿。今天到广西、湖南的农村去看，许多农村小商店是谁开的？小作坊谁开的？是当年到深圳打工的人回来开的。他们在外面有点经验，有了技术，积累资金，回来就开店办厂了。以前我曾一再说过，昨天的打工者就是今天的创业者，今天的打工者何尝不是明天的创业者？外出打工是脱贫之路。有的年轻农民出去打工了，在外面自由恋爱结婚，只要一个孩子，因为他知道创业的艰难啊！在外面一开始就多生孩子，拖都拖垮了。我在深圳碰到一些外来打工的，在外面成婚了，不要孩子。后来生活好点了，有房子了，才要孩子，而且只生一个。他们自愿地搞计划生育。

养殖业要大发展。毕节地区的田不够，怎么办？从外面买进饲料，发展养殖业，等于增加了土地。土地不能输入，饲料可以输入。毕节地区就这么一点耕地啊！养殖业可以用外地的饲料，本地区的地适合种什么就种什么。不要求每个地方都要自给自足，这阻碍了经济发展。贵阳人喜欢吃狗肉，有些县的农民养狗，向贵阳充分供应。毕节的农民也可以多养狗嘛。让贵阳的企业来收购，这不也有助于穷苦农民早日脱贫吗？大家知道，北京市长期从河南运小麦来解决北京的面粉供应问题。北京市的土地可以有其他用途，比种小麦划得来，效益高。不能把北京好多土地都拿来种小麦，因为种小麦比不过河南。土地不能增加，不能从外省输入，但粮食、饲料可以到外省去买，经济照常可以发展起来。这叫做“优势互换”。

提高农民收入，一定要发展农村教育。教育不平等，就业机会就不平等，于是收入就不平等，并造成生活不平等。生活不平等，就给下一代带来不平等。所以一定要把农村教育搞好。减轻农民负担固然重要，使农民增加收入更加重要。所以关键是要让农民有增加收入的本领、就业的本领。

中国现在最缺什么人？最缺的叫做“灰领”。白领是职员，蓝领是一般工人，“灰领”指熟练的技术工人，介于白领跟蓝领之间。现在熟练的技工奇缺。熟练技工的工资比大学毕业生高，甚至比研究生还高。要培养熟练技工。农村的人，学好一门技术，到外面去，不但容易找到工作，而且工资待遇不低，全家就脱贫致富了。

四

对毕节地区来说，GDP 是重要的，但 GDP 不是惟一的，发展应包含社会和经济的协调发展，也包含人和自然的和谐发展。

我曾多次说过，环境是我们和子孙后代共有的，资源是我们和子孙后代共享的。这一代把环境破坏了，那么留给后代的是什么呢？资源枯竭了，留给后代的又是什么呢？所以这个问题一定要讲。一定要破除几种不正确的观点。

一是上一代的人并没有注意环境，为什么要求我们这一代注意环境，上一代不是那样过来的吗？要知道，上一代的人的认识还没有达到这种程度，所以只注意 GDP 的增长。今天，我们这一代人已经认识到这一点了，我们就要重视环境，重视资源。再不重视，下一代的人怎么生活？

二是，按照人均 GDP 的增长，后代人肯定比我们这一代富裕，我们跟后代人相比，我们这一代是穷人。既然我们是穷人，为什么要我们省吃俭用，让他们去享受！这种观点是不对的，如果我们这一代把环境破坏了，资源耗竭了，后代人能够富起来吗？可以肯定，下一代会更加注意环境，于是再下一代就更富了。

三是，过去有一种说法，叫靠山吃山，靠水吃水，靠林就吃林。这不对，至少不全面。光有靠字，行吗？靠山吃山，森林、草原都破坏了；靠水吃水，大鱼小鱼都捞走了，水污染了；靠林吃林，把树都砍光了，行吗？要改一个字，是养山吃山，养水吃水，养林吃林。只有保养好，才能持久依靠。

毕节地区，整个西部地区，一定要懂得可持续发展这个道理。环境被破坏，将来恢复环境，可能要很多投入，有的可能无法再恢复回来。有的专家指出："宜荒则荒"。就是说，适宜作为荒地的，就让它荒在那里。不一定所有荒地都要开垦，自然界有它的平衡。举个例子，东北松花江、黑龙江、乌苏里江汇合的三江平原，很多地方是荒地，不要急于开垦，荒地破坏了，恢复不起来，这叫"宜荒则荒"。湿地有湿地的好处，把湿地破坏了，变成良田，就把生态破坏了。草海就是宜荒则荒。不要动它，这对子孙后代是有好处的。就让鸟类在那里繁殖吧，这是好事，不要动它。我们要对得起子孙后代。要让更多的农户成为生态户，让更多的农村成为生态村。

这次从黔西到毕节，一路上看到在建沼气池。我曾经在广西恭城县考察，那里是生态农业试验区，家家有沼气池。本来那里燃料供应很困难，没有煤。有沼气做饭，避免上山砍树。但肥料不足，沼气只够用来做饭，不能用于照明。农民养猪有限，所以沼气不足。县政府想什么办法呢？就用中国传统的合作方式：城乡合作养猪。城里人出钱，买四个小猪崽，给农民代养，农民把猪崽养大了，三头猪归农民，一头猪归你城里人。城里人就让农民把猪在农村杀了，全家都到农村吃一顿去，请朋友去吃，猪头、猪下水，农民留下；或者，把猪肉做成腊肉，城里人带走。这叫城乡合作养猪，是个办法。农村的猪多了，沼气池的肥料就足了，点灯也亮了，做饭也快了，循环经济就产生了。

一定要懂得互动合作所带来的共赢结果。这里讲一个故事。有一个小孩子在路上遇见一个神仙。他抓住神仙的手，问道："我常听大人们说什么天堂啊，地狱啊，可是我始终没有听懂。请你告诉我，究竟什么是地狱，什么是天堂？"神仙说："这好办，你跟我走，我带你去看看。"两人来到一座小楼前。神仙对小孩说："先看看楼下吧。"楼下是一间大房间，桌子上放满了碗碟，盛的是鸡、鸭、鱼、肉、馒头、米饭、面条。筷子是三尺长的，放在门口。门打开了，进来一群饥民。他们一看这么多饭菜，高兴极了。但筷子太长，怎么也无法把饭菜送到嘴里去。结果，什么东西也吃不着。一个个只好蹲在地上哭泣。神仙对那个孩子说："看到了吧，这就是地狱。"两人上了楼，楼上也是一间大房间，桌子上也放满鸡、鸭、鱼、肉、馒头、米饭、面条。筷子也是三尺长的。门打开之后，进来一群饥民。可是他们吃的很好，一个个露出笑容。原来他们相互帮助：张三用筷子夹菜递给李四吃，李四用筷子夹菜递给王五吃。谁想吃什么，就有人帮他去夹，并且送到他嘴里。神仙对小孩说："这就是天堂。"这个故事告诉我们，每个人只顾自己，结果什么也得不到。相互帮助，大家都过得很好。人际关系如此，地区之间的关系不也是这样吗?

用沼气池中的肥料下田，代替化肥。不用化肥了，青蛙就多了。青蛙吃虫子，就不打农药了。人们专门到乡下来买绿色产品。农产品直接销往城市，或者出口，农民就富了。所以说，一定要做到人和自然的和谐发展，这是致富的重要条件。

2004年3月22日在贵州省毕节地区的报告

从趋势上看，随着市场经济的发展，现代信托观念的日益普及将不可避免。中国的家庭以后肯定会越来越看好共同基金这一投资形式，对此不必怀疑。

投资基金法律制度

一、投资基金概述

（一）投资基金的定义和特征

投资基金是通过发售基金份额募集资金形成独立财产，由基金管理人管理、基金托管人托管，以资产组合方式进行投资，基金份额持有人按其所持份额享受收益和承担风险的投资组织。根据这一定义，在我国经济生活中早就存在的政府建设基金、社会公益基金，都不属于投资基金。

投资基金一般说来有以下三个显著特征：

1. 专家理财。基金财产须交由专业性较强的基金管理机构投资运作，这些机构具有专门的理财专家和市场分析人员，他们专门对国内外经济形势、各个行业甚至某一公司的运营状况和潜力，进行科学系统的分析，并在此基础上作出投资决策，因此相对于个人投资者来说，更能把握市场的脉搏，从而赢得较高收益。

2. 组合投资，分散风险。从短期来看，基金投资体现了

“鸡蛋不放在一个篮子里”的现代投资理念，它的投资要遵循一定的组合和限制。如证券投资基金，它一般要同时买十种以上、甚至几十种不同的股票，假设其中一半亏了，而另外的一半则赚到了钱，这样一平均下来，总体上不会有大的输赢。而从长期来看，投资基金有总的平衡问题。由于市场行情此涨彼落，投资基金短期内可能有赚有亏，但从较长时间考察，随着经济的发展，投资基金大体上是盈利的。国外实践证明，投资基金的风险介于银行存款和买卖股票之间，适合那些不想将资金存在银行又害怕股市风险的中小投资者。

3. 基金财产具有独立性。基金财产的独立性意义非常重大，这也是投资基金制度的一个重要特征，主要目的是为了保证基金财产的安全和独立运作，保护投资者的合法利益。通常情况下，基金财产的独立性体现在以下几个方面：

一是基金财产虽然由基金管理人管理，但基金财产在基金托管人手中，基金管理人并未实际掌握基金财产，也没有权利从基金托管人手中取走基金财产。同时，基金托管人虽然掌握基金财产，但并不能具体进行投资运用。

二是基金财产独立于基金管理人、基金托管人的自有财产，不得归入基金管理人、基金托管人的自有财产。基金管理人、基金托管人因依法解散、被依法撤销或者被依法宣告破产等原因进行终止清算的，基金财产不属于其清算财产。

三是基金的债权与不属于基金的债务不得相互抵消，不同基金的债权债务不得相互抵消。

四是非因基金本身承担的债务，债权人不得对基金财产主张强制执行。

五是基金托管人对其托管的不同基金应当分别设置账户，确保每只基金的完整与独立。

（二）投资基金的分类

投资基金根据不同的分类方法，可以分为不同的类型：

1. 根据组织形式的不同，投资基金可以分为信托制基金、公司制基金和有限合伙制基金等。信托制基金依据基金合同设立，基金份额持有人、基金管理人和基金托管人等当事人的权利、义务依法由基金合同约定。信托制基金的特点是必须有人履行受托职责，对基金投资者负责。各国对此规定不一：有的由基金托管人担任，有的由基金管理人担任，有的在基金管理人、基金托管人以外单独设立受托人，有的由基金管理人、基金托管人共同履行。

公司制基金则依据基金章程设立，基金持有人、基金董事会的权利、义务依法由基金章程规定。基金董事会代表基金持有人委任基金管理人和基金托管人，并依法由委托合同确定各方权利、义务。公司制基金的董事会，相当于信托制基金中履行受托职能的人，对基金投资者负责，并负责监督基金管理人和基金托管人。目前，国内对于公司制基金的认识，还不尽一致，主要在于公司制基金和公司法的关系问题。

有限合伙制基金依据合伙协议设立，相关当事人之间的权利义务关系由合伙协议确定。基金成立后，通常交由合伙事务执行人管理，它的优点是普通合伙人必须承担无限责任。这种基金的组织形式目前在美国发展很快，在创业投资方面得到了广泛应用。在我国，法律尚未规定，有关方面正在研究之中。

2. 根据运作方式的不同，投资基金可以分为封闭式基金和开放式基金等。一般来说，封闭式基金的持有人在基金存续期内，可以在规定的场所转让其所持基金份额，但不得请求基金管理人赎回。而开放式基金的持有人则可以依据基金份额的资产净值，在规定的时间和场所申购或者赎回其所持基金份额。

例如，我国第一个开放式基金是华安基金管理公司于2001年推出的“华安创新”开放式基金，它的总规模为50亿基金份额（每基金份额面值为人民币1元），其中30亿面向个人投资者销售，交通银行为其基金托管人和代理销售人。该基金在13个城市同时发行，采取“总量控制、限额发号、领号预约、凭号认购”的方法，基金发行的头3个月内不受理赎回。发行时间从2001年9月11日到18日，个人认购的最低额为1万元，超过部分必须是1万元的整数倍，最高限额为30万元。

3. 根据投资对象不同，投资基金可以分为证券投资基金和实业投资基金。证券投资基金的投资对象，主要是流动性强、变现性好的股票、国债、企业债券等有价证券。实业投资基金的投资对象，主要是实业，包括高新技术产业、传统产业、基础设施、房地产业等。产业投资基金、创业投资基金或称风险投资基金，都属于实业投资基金。2002年8月全国人大财经委员会向全国人大常委会提交的是证券投资基金法草案。有关实业投资基金的法律制定，目前仍处于研究阶段。

4. 根据募集方式的不同，投资基金可以分为公募基金和私募基金。公募基金可以向社会公众公开发布信息并募集资金，而私募基金则只能在有限范围内向特定对象募集资金。两者的界限，从人数上看，私募基金一般不得超过一定人数，如100人或100人以下。证券投资基金主要采取公募方式，实业投资基金主要采取私募方式。

（三）投资基金当事人

投资基金当事人包含基金管理人、基金托管人和基金份额持有人。

1. 基金管理人。基金管理人是指具体对基金财产进行投资运作的机构。它主要由基金管理公司担任，但也可由资产管理机构、信托机构等担任。其主要职责是负责基金的设立、募集、投资与管理，进行基金会计核算，确定基金收益分配方案，以及办理由其负责的有关信息披露事项等。

2. 基金托管人。基金托管人是指依法保管基金财产的机构。它主要由取得基金托管资格的商业银行担任，在实行混业经营的国家，它也可以由资产管理机构或者信托机构等担任。其主要职责是负责安全保管基金资产，执行基金管理人的指令，监督基金管理人的投资运作，以及办理由其负责的有关信息披露事项等。

3. 基金份额持有人。基金份额持有人就是基金的投资者。投资者购买了基金份额，便成为基金份额持有人。他们的义务主要是在申购基金份额时足额支付认购款项，同时享有以下权利：一是赎回或者转让持有的基金份额；二是分享基金收益；三是向基金管理机构查询有关资料，如公开说明书、财务报告等信息资料；四是通过基金份额持有人大会参与一些涉及切身利益的重大问题的决策，并行使表决权。这种大会不同于公司的股东大会，它并不定期召开，而是根据实际需要召开，召开可以采用现场方式，也可以采用通讯方式，基金份额持有人还可以委托代表行使表决权。

可以用下面这张简图来说明信托制证券投资基金当事人之间的关系（见图1）。

二、国外有关投资基金的立法

投资基金起源于英国。它是在金融信托的基础上发展起来的。19世纪，英国出现了最早形态的投资基金，即由政府出面组成投资公司，集中众多中小投资者的资金，委托具有专门知识的理财能手代为投资。1868年英国组建的“海外和殖民地政府信托”（Foreign and Colonial Government Trust），是世界上第一家

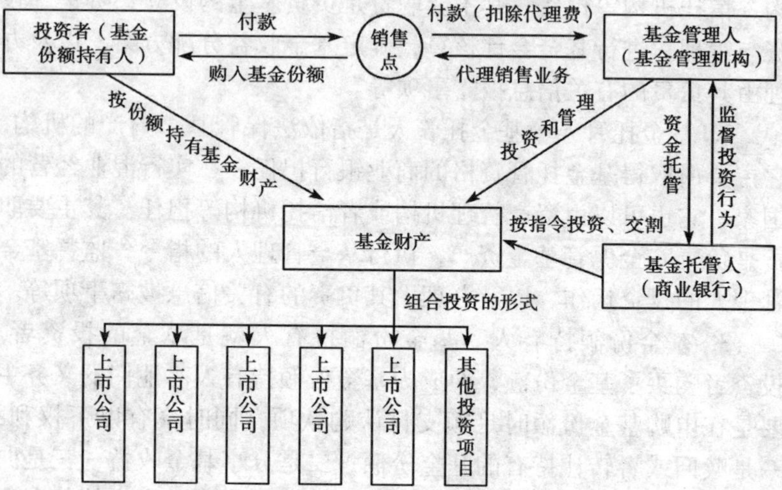

图1

较为正式的投资基金。1921 年 4 月，美国组建了国内第一个投资基金，即美国国际证券信托基金（The International Securities Trust of America）。在随后的几十年里，投资基金成为美国发展最迅速的一种投资工具。1940 年，美国仅有投资基金 68 只，总资产为 4.48 亿美元。1978 年，发展到 500 只，总资产 580 亿美元，期间增长了 130 倍。其后，美国投资基金业抓住当时在金融业中实施利率管制的机遇，又有了新的发展，1987 年底基金总资产为 7699 亿美元，1997 年底达 44000 多亿美元。截至 2000 年年底，美国投资基金共 7791 只。其中资本市场基金 6746 只，货币市场基金 1045 只，资产总额近 7 万亿美元。有基金管理公司 434 家，基金投资者达 8280 万人次。据了解，目前全球各类投资基金资产总额已达数十万亿美元。其中开放式基金资产近 11 万亿美元，美国约占 66%，其余依次是法国、意大利、日本、英国和我国香港地区等。随着全球资本市场的不断发展，目前投资基金以其专业化管理和分散投资等诸多优点，受到各国投资者的普遍青睐，成为当代国际金融市场变化最突出的特征之一，也成为国际资本流动的重要渠道和发展中国家与地区吸收外资的一种有效形式。

伴随着投资基金的产生与发展，各国相继在投资基金方面进行了立法。

英国的投资基金一开始采用的是信托形态，也就是今天我们常说的“单位信托”，它主要遵循英国信托方面的有关法律规定。1879 年，英国颁布了《股份有限公司法》，在原有信托制基金的基础上，开始出现了公司制基金，这种公司制基金的经营方式和一般公司差不多，不同之处在于它不是实体，不从事一般企业的生产经营活动，而只投资于证券类和其他流通性强的金融产品。此外，英国在投资基金方面的立法还有：1939 年颁布、1958 年修订的《防止诈骗（投资）法》，1944 年颁布的《投资业务管理法》，1986 年颁布、1990 年修改的《金融服务法》，1991 年颁布的《金融服务受管计划法》以及 1995 年颁布的《证券公募管理条例》等。

美国的投资基金立法是伴随问题的出现而进行的。1929 年以前，美国政府对投资基金业基本未实施监管，经济危机的出现使美国股市暴跌，同时也使许多基金管理机构破产倒闭。为此，美国政府为保护投资者的利益，加强了对金融市场的监督管理，并制定了一系列法律、法规，1933 年颁布了《证券法》，1934 年颁布了《证券交易法》。1940 年颁布的《投资公司法》和《投资顾问法》，专门对投资基金进行了规范，从而保证了投资基金业的平稳发展。此外，美国规范投资基金活动的法律还有 1990 年颁布的《证券投资者保护法》、《证券保密实施细则》和州一级的证券法等。

从上述情况可以看出，投资基金源于英美法系国家，并在英美法系国家得到运用和发展。大陆法系国家对投资基金制度的引入和运用，当以日本为代表。20 世纪 30 年代，日本从英国引进投资基金制度，当时由于战争没有得到很好的发展。1951 年，日本颁布了《证券投资信托法》，奠定了投资基金发展的基础。根据这部法律，日本投资基金采用的是信托制，它属于一种信托业务。直到 2000 年，日本才对该法进行修改，增加规定允许设立公司制基金。此外，日本在投资基金方面的立法还有：1948 年颁布的《证券交易法》，1966 年颁布的《关于基金制度的改革纲要》，1986 年颁布的《证券投资顾问业管理法》，以及 1994 年颁布的《关于投资信托制度改革的纲要》等。

德国的投资基金业起步于 20 世纪中期。按受益凭证发行对象的不同，德国的投资基金可以分为公募基金和专项基金。截至 2000 年 6 月底，德国共有公募基金 1625 只，专项基金 4984 只，基金总额达 9220 亿欧元。德国投资基金业具有以下特点：一是基金管理机构的股东一般为银行或者保险公司；二是基金市场由几家大银行控制，集中化程度较高；三是基金发售通常委托银行办理；四是每年向基金持有人分配一次收益。德国投资基金方面的法律、法规主要是 1957 年颁布的《资本投资公司法》和《涉外投资公司投资法》，并在 1970 年进行了修订。《资本投资公司法》对基金管理机构的资格、基金投资组合、发行规模和税收等方面做了规定和限制。

三、我国证券投资基金业现状及立法

目前我国的投资基金业处于起步阶段，而且限于证券投资基金。至于实业投资基金，规范的实业投资基金还没有成立。目前虽有一些投资公司在从事产业投资或创业投资（风险投资），但它们还称不上真正意义上的投资基金。

（一）我国证券投资基金业的现状

以证券投资基金来说，1998 年 3 月，我国的证券投资基金试点工作正式启动。经四年发展，我国的证券投资基金市场已初具规模。截至 2002 年 6 月 30 日，共批准设立了 18 家基金管理公司，批准了 5 家银行的托管业务资格，已上市交易的证券投资基金共 56 只，基金资产总规模为 936 亿元，约占我国股市总值的 2% 和流通币值的 6%（按 2001 年底的市值计算），证券投资基金的持有人约为 337 万人。

证券投资基金试点工作开展以来，基金的规模虽然以较高的速度增长，已由 1998 年试点之初的 40 亿元，增加到目前的 936 亿元，增长了 23 倍多，但投资基金在证券市场中的比例仍较低，与成熟市场相比，差距很大，难以充分发挥其促进证券市场健康发展和引导投资等方面的积极作用。同时，由于投资基金的发展时间短，基金管理公司的管理水平有待提高，以及一些限制性规定等制约了基金品种的创新，因此基金品种单一，不能满足投资者多元化的投资需求，影响了投资基金的普及和市场规模的扩大。

目前，在我国金融市场上，直接融资（股票、债券）的比例较低，投资基金的规模就更小。我国发展证券投资基金能为市场提供新的金融工具，促进居民金融资产结构的改善和储蓄向投资的转化，提高直接融资比例。投资基金是一种不同于银行存款、国债和保险的金融工具，它兼顾收益性和流动性，能分享国民经济及股票市场长期增长所带来的收益，并通过组合化管理，分散投资风险。同时，发展证券投资基金有利于培育机构投资者，促进证券市场的健康发展。投资基金资金规模比较大、投资时间长，更注重对投资对象基本面的分析。这种投资有利于抑制投机和倡导科学的投资理念，有利于证券市场的规范化和健康发展。

我国的证券投资基金采取组合投资方式。根据1997年我国颁布实施的《证券投资基金管理暂行办法》，其中第33条对基金投资组合的要求主要有："1个基金投资于股票、债券的比例不得低于基金资产总值的80%；1个基金持有1家上市公司的股票，不得超过该基金资产净值的10%；同一基金管理人管理的全部基金持有1家公司发行的证券不得超过该证券的10%；1个基金投资于国债的比例，不得低于该基金资产净值的20%"。

对基金进行组合投资的要求，在香港或国外也是大体相同的。香港《单位信托及互惠基金守则》要求香港基金做到：如果持有任何一家公司发行人发行的证券，则该基金所持有的该证券的价值，不得超过该基金总资产净值的10%；如果持有任何一家公司发行的任何类别的证券，则其所持数量不得超过该类别证券数量的10%；如果持有并非在市场上市或挂牌的证券，则其所持有的该证券的价值，不得超过该基金总资产净值的15%；所持有的实物商品及以商品为基础的投资的总值，均不得超过该基金总资产净值的20%，等等。这正是为了减少基金资产的投资风险，限制基金管理人谋求对发行证券公司的控股和直接管理。另外，由于投资组合是考察基金运作和风险防范程度的一个重要指标，法律要求基金定期向投资者披露。根据我国《证券投资基金管理暂行办法》等法规规定，基金应当每3个月公布一次投资组合，即投资股票、债券等情况，根据这种规定，目前国内各只基金均已按要求披露其最近3个月的投资组合情况。

（二）进行证券投资基金立法的必要性

1. 适应基金业发展的需要。我国开始发展基金以来，由于没有相关立法，在发展过程中产生了一些问题，国家对其进行了整顿和规范，在此基础上国务院证券委于1997年颁布了《证券投资基金管理暂行办法》。该办法对我国基金业的规范发展发挥了重要作用，但在起草该办法时，尚缺乏证券投资基金的运作实践，有些规定不够清晰，所以随着时间的推移，出现了一些新的情况和问题：一是由于法律层次较低，无法确立诸如基金财产独立性等基本原则，难以协调与公司法、合同法、信托法等法律的关系；二是该办法的调整范围仅限于“契约型基金”，局限了基金类型的发展；三是随着基金业的发展，原有的规定已不适应现行基金的运作，特别是在信托法出台后，需要对若干问题重新定位。

2. 适应大力发展机构投资者的需要。我国证券市场目前处于发展初期，参与投资的主体大多数为个人投资者，承担风险能力较弱，一遇风吹草动，容易追涨杀跌，影响市场稳定，迫切需要大力发展机构投资者。国外和我国基金发展经验表明，基金是最好的机构投资者。制定基金法给基金以适当的法律地位，有利于基金的设立和发展，从而壮大机构投资者队伍，促进资本市场的发展和成熟。

3. 适应发展投资工具，引导民间投资的需要。随着改革开放和国家经济的发展，人们生活水平逐年提高，广大人民群众积蓄逐年增多，期望进行投资，实现保值增值。但目前投资渠道少，制定基金法，规范基金运作，提高基金收益，严格保护投资者利益，可以为投资者提供更多可供选择的投资工具。

4. 适应履行加入 WTO 的承诺，吸引外国机构投资者参与我国资本市场的需要。根据 WTO 有关协议，我国入世后将允许外国投资者进入我国举办合资基金管理公司从事基金管理等业务。外资进入将给我国基金业带来新的发展机遇，同时也带来挑战。制定基金法，既能使外方感到有实实在在的法律保护，又能促进国内基金的更快成长，参与竞争。

（三）证券投资基金立法过程中争议的主要问题

1. 关于特定基金。特定基金是相对于公募基金而言的，这是指私募的证券投资基金。起草证券投资基金法的过程中，对如何规范特定基金存在以下几种不同意见：一是单独设立一章，专门对特定基金作出规定；二是在总则中原则规定特定基金的一般原则，具体授权国务院另行规定；三是不对特定基金作出规范。证券投资基金法草案（以下简称“草案”）采用了第二种观点，规定“基金份额可以向非特定对象发售，也可以向特定对象发售。基金份额向特定对象发售的具体管理办法，由国务院证券监督管理机构另行规定”（草案第6条）。其理由主要有：一是国外不禁止特定基金的存在，通常在规范公募基金的法律中采用豁免条款予以准许；二是我国真正意义上的特定基金还不存在，今后如何发展还有待国家的合理引导，草案难以预先作出具体规定；三是某些基金可以以公募为主，一部分资金也可以采用向特定对象募集的方式募集。

2. 关于信托制基金当事人之间的法律关系。实践中，代表投资者利益的法律主体缺位，基金托管人的责任和权利不对称，对基金管理人经营行为的监督无法落实。对此，专家们存在三种不同意见。一种意见认为：投资人是委托人，基金管理人是管理受托人，基金托管人是保管受托人，法律明确各自的职责范围，使之共同承担起“受众多基金投资者之托，为其理财”的重任。第二种意见认为：基金管理人是受托人，基金托管人是基金管理人的代理人。第三种意见认为：应当在基金管理人和基金托管人之外单设受托人，受托人和基金托管人也可为同一人，等等。草案基本上采纳了第一种意见，规定“信托制基金依基金合同设立，基金管理人、基金托管人依法履行受托职责，具体权利义务由相关当事人依照本法约定”（草案第4条第2款）。理由是：

一是考虑在符合国际通行做法的基础上切合国情，尽量减少法律重新定位给基金运作带来负面影响；二是考虑和信托法、合同法等法律之间的协调与衔接，避免相互之间的矛盾和冲突；三是在现行信托制基金的运作中，基金管理人与基金托管人分别独立承担相应职责，即基金管理人依法承担管理基金财产、基金托管人依法承担保管基金财产并监督基金管理人的投资运作等；四是避免基金管理人、基金托管人因过错造成基金资产损失时承担连带赔偿责任。

3. 关于公司制基金。证券投资基金法起草中，主要存在两种不同意见。一种意见认为：对于公司制基金在法中只作原则性的规定，具体内容留待管理部门具体规定。另一种意见认为：基金业比较发达的美国采取的主要是公司制，公司制基金是今后基金发展的方向，应在法中详细规定。鉴于我国目前尚不存在公司制基金的现实，并考虑为今后我国基金业的创新发展留下空间，草案采纳了第一种意见，规定“公司制基金依基金章程设立，基金董事会依法履行受托职责，具体管理办法由国务院另行规定”（草案第 4 条第 3 款）。但如何确定公司制基金的性质，争议依然存在，有两种不同看法：一是认为公司制基金属于公司法意义上的公司；二是认为公司制是采取公司形式的一种基金组织，公司制基金本质上不是公司而是基金。起草组倾向于第二种意见。

（四）证券投资基金法草案中对投资者，特别是中小投资者合法权益的保护

对投资者（特别是中小投资者）合法权益的保护，在我国证券投资基金法草案中主要体现于以下方面：

1. 规定“证券法有关证券交易的规定，适用于在证券投资基金的证券交易行为。证券法有关证券交易中法律责任的规定，

适用于证券投资基金运作中的相同违法行为”（草案第21条）。

2. 规定“基金份额持有人大会是行使投资人权利的权力机构。重大问题的决策要由基金份额持有人大会决定”（草案第80条）。

3. 规定“基金管理机构的董事、监事、经理和其他从业人员，不得在基金托管机构和其他基金管理机构中任职”（草案第19条）。

4. 规定“基金管理人职责终止的，基金托管人应当聘请会计师事务所对基金资产进行审计，并将审计结果报国务院证券监督管理机构备案”（草案第27条）。

5. 规定“基金资产不得用于证券承销，不得向他人贷款或者提供担保，不得从事承担无限责任的投资，以及不得从事法律、行政法规以及基金合同禁止从事的其他事项”（草案第63条）。

6. 规定“必须公开披露基金信息，不得弄虚作假，并且在公开披露信息时不得承诺分担亏损，不得骗诱投资者购买基金，不得诋毁同行，不得刊登虚假或者欺诈内容”（草案第70条）。

7. 规定“基金资产独立于基金管理人、基金托管人的自有财产，不得归入基金管理人、基金托管人的自有财产。基金管理人、基金托管人因依法解散、被依法撤销或者被依法宣告破产等原因进行终止清算的，基金财产不属于其清算财产”（草案第9条）。

8. 规定“基金托管人与基金管理人不得为同一人（草案第32条）。基金托管人负责安全保管基金资产，执行基金管理人的指令，及时清算交割基金资产（草案第33条）。在这一过程中，基金托管人如果发现基金管理人有违法违规的，应当拒绝执行指令，并向国务院证券监督管理机构报告（草案第34条）。”

9. 规定“基金托管人职责终止的，基金管理人应当聘请会计师事务所对基金资产进行审计，并将审计结果报国务院证券监督管理机构备案”（草案第37条）。

10. 法律严禁擅自以基金名义募集资金，或未经核准擅自从事基金管理、基金托管业务（草案第94条、第95条）。

11. 法律严禁基金管理人或基金托管人未将基金资产与其自有资产分开，或者未对基金资产实行分账管理（草案第96条）。

12. 法律严禁基金管理人或者基金托管人挪用其管理或者托管的基金资产（草案第97条）。

以上这些规定都旨在保护投资者。

在保护投资者，特别是中小投资者合法权益方面，除了应对违法行为和违法者进行处罚（如吊销资格证书、责令停止或关闭、没收违法所得、罚款等），对构成犯罪的依法追究刑事责任外，还应考虑对受损害的投资者进行赔偿。

在我国的证券投资基金法草案中，规定如发生以下6种情况的，除进行相应处罚外，责任者都要承担民事赔偿责任：

1. 擅自从事基金管理、托管业务而给相关当事人造成损失的（草案第95条）；

2. 基金管理人或者基金托管人未将基金资产与其自有资产分开，或者未对基金资产实行分账管理，造成基金份额持有人损失的（草案第96条）；

3. 基金管理人或者基金托管人挪用其管理或者托管的基金资产，造成基金份额持有人损失的（草案第97条）；

4. 基金管理人不履行职责，违法从事基金运营，从而给基金份额持有人造成损失的（草案第98条）；

5. 基金管理人、基金托管人不依法披露基金信息或披露的信息含有虚假、欺诈或者误导投资者的内容，造成基金份额持有人损失的（草案第99条）；

6. 中介服务机构为基金出具审计报告、法律意见书等文件存在虚假、欺诈或者误导投资者的内容，造成基金份额持有人损失的（草案第100条）。

上述各项民事赔偿应由违法的基金活动当事人以自有财产承担（草案第92条），而且在其财产不足以同时支付民事赔偿与缴纳罚款时，应当先承担民事赔偿责任（草案第104条）。

为了在开放条件下加强对我国投资者的保护，证券投资基金法草案中还就外资参股基金管理机构问题作了规定。

入世后，我国允许外资参股基金管理机构。外资参股是对基金管理机构的投资，参股后所有的基金活动必须由基金管理机构进行，外方投资者不能直接投资国内A股市场。根据证券法第138条第2款“客户开立账户，必须持有证明中国公民身份或者中国法人资格的合法证件”，中国证监会发布的《外资参股证券公司设立规则》第5条有关外资参股的证券公司可以从事股票和债券的承销，不能从事A股自营的规定，草案第21条规定：“基金管理机构及其所设立的基金从事证券投资活动必须符合证券法及有关法律规定”；第108条规定：“外资参股基金管理机构、基金托管机构及其在境内从事的基金活动，必须符合本法与证券法的有关规定”。这些规定可以防止外资涌入我国A股市场，爆炒和抛售A股，从而使国内投资者受到巨大损失的情况的发生。

四、关于实业投资基金的立法问题

前面已经指出，目前我国正在制定的是证券投资基金法草案，有关实业投资基金的法律制定问题，尚处于研究阶段。根据国外的经验，实业投资基金也应当有法可依，否则对高新技术产业的发展不利，对区域的协调发展不利，而且对投资者也不利。

对实业投资基金的立法问题进行研究，适应了我国今后经济发展的需要。实业投资基金包括产业投资基金和创业投资基金（即风险投资基金）。要知道，我国的产业和科技投资领域需要有大量的民间资本进入。一个国家的经济建设、尤其是高新科技产业的发展，不能仅仅依靠国家投入。只有把民间资本吸引到资本市场里来，才有可能快速发展高新技术产业。目前根据我国现行法律，投资高新科技产业的，可以是有限责任公司、股份有限公司、合伙企业和个人独资企业。但这类投资组织的局限性在于经营资本额受限制，也就是说，企业吸收多少资本，只能进行一定规模的投资经营。如果采取规范的投资基金形式，可以使基金管理公司通过设立基金，吸收民间投资，增大资金数量，并由专家负责基金的理财和投资运作，从而大大促进产业投资和创业投资的发展。

不仅如此，由于目前一方面不少机构有资金而找不到好的项目，另一方面，许多投资项目因缺少资金而发展不起来，实业投资基金可以充当投资者和项目之间的桥梁。投资基金不仅具有筹资功能，它的优势更在于能够通过基金的投资机制寻求最佳的投资对象。这是因为，基金管理人是专门负责某一方面投资的专家，能够比较方便地找到最好的投资对象。以创业投资为例，国际上从事创业投资的风险系数很大，一般而言，这种投资的成功率约在3%左右，而由创业投资基金操作的投资的成功率可以达到40%，也就是说，由专业人士操作的风险投资能将投资成功率由通常的3%左右提高10余倍甚至更多。如果不促进创业投资基金的发展，也就限制了投资基金这种组织形式对我国经济建设和高新科技产业发展的作用的发挥。

从法律的角度来看，对实业投资基金的立法也是必要的。由于缺少实业投资基金的法律，所以从事高新科技产业投资的只能是创业投资公司，而这类公司的行为同我国现行的公司法有矛盾。依据公司法，一家公司从事的投资不能超过公司资本额的

50%，从事高新技术产业创业投资的公司，要受到这种限制。如果采取投资基金形式来进行创业投资，所从事的投资就可以超过这个限制。依据公司法，投资者投入公司的财产属于公司的法人财产。但如果采取投资基金形式，在基金关系中，投资者投入的财产是信托财产，具有独立性，基金的具体运营要由基金管理机构和专业人才负责操作，以发挥专家理财的作用，这对鼓励投资者从事高新技术产业的投资是有利的。

前面已经提到，投资基金按募集方式分类，可以分为公募基金（向社会公开募集）和私募基金（向特定对象募集，人数受限制）。证券投资基金主要是公募，而要发展实业投资基金，尤其是创业投资基金，只有公募基金是不够的。根据国外的经验，虽然公募基金可以参与创业投资，但创业投资更需要有私募基金。

公募基金一般投向上市公司的证券，私募基金主要投向非上市公司的股权，创业投资基金通常对有发展潜力的企业进行股权投资。公募基金虽然也可以进行这样的投资，但由于风险大，基金管理人顾虑较多。私募基金却不一样，为了取得高回报，有的投资者愿意冒风险，这是公募基金所不如的。因此，私募基金从事创业投资，可以使创业投资业发展得更快。

无论是证券投资基金还是实业投资基金，无论是公募基金还是私募基金，为了保护投资者的利益，都应当负有民事赔偿责任。这是立法中必须注意的问题。人们时常议论：一个上市公司违法了，应当给予处罚，但所罚的钱是归政府的。违法者一般是不怕罚而怕赔，所以，对私募的实业投资基金也要规定民事责任。这样，才能对投资者、尤其是中小投资者的合法权益实行有效保护。

最后，准备谈一下实业投资基金的退出渠道问题。

实业投资、特别是创业投资的基金，往往看准了某家非上市企业是有发展前途的，就把资金注进去，并推动它上市。但一定要有一个渠道可以退出来。如果没有退出渠道的话，那么活钱就变成死钱。所以退出渠道很重要。目前，实业投资仍应以主板市场为主。条件成熟时，可以设立二板市场。实业投资基金介入的企业符合资格的，可以在二板市场上市。

应当指出，上市并不是实业投资基金退出的惟一渠道。除上市以外，还可以通过协议转让。协议转让可以个别进行，即由实业投资基金的管理人（非上市公司的参股者）同其他公司协商，按一定的价格转让其所持有的股份，也可以通过高新技术交易会，让众多的卖方和买方有机会相互了解，双向选择进行实业投资的股权转让。

2002年10月28日在九届全国人大常委会法制讲座的讲稿

中国创业投资业发展沿革、现状与问题

一、中国创业投资业发展历史沿革

创业投资在中国是一种政府推动型的制度创新。按照政府推动创业投资发展方式的演变，中国创业投资业发展的历程可以划分为三个阶段。

（一）从1985年到1990年：政府探索通过风险贷款方式从事创业投资阶段

在中国，“创业投资”这一概念是1985年由中央政府在关于深化科技体制改革的决议中首次提出来的。当时对创业投资的认识，主要是从“风险”角度将其理解为“一种有风险的投资”。因为贷款也需要承担风险，因此，寄希望于通过发放风险贷款的方式支持高新技术创业企业。为了推进风险贷款工作，当时中央政府主要做了两项工作：（1）1985年设立了一家专门从事高新技术企业贷款业务的信托公司——中国新技术创业投资公司；（2）在中央银行的鼓励下，中国工商银行和中国农业银行于1989年率先开办科技贷款业务，1990年中央银行也在国家综合信贷计划中正式设立科技贷款项目。

（二）从1991年到1996年：政府探索通过股权投资方式直接从事创业投资

由于以贷款方式从事创业投资并不成功，中国的一些高新技术开发区开始探索成立专门的以股权投资方式支持高新技术企业的创业投资公司。1991年3月，国务院批准发布的《国家高新技术产业开发区若干政策的暂行规定》指出，“有关部门可在高新技术产业开发区建立风险投资基金，用于风险较大的高新技术产品开发。条件比较成熟的高新技术产业开发区，可创办风险投资公司”。此后，一些部门与地方政府即着手设立各类“用于风险较大的高新技术产品开发”的“风险事业开发中心”、“科技风险开发投资基金”、“科技风险投资公司”，如国家科技风险开发事业中心、沈阳科技风险开发事业中心、重庆科技风险投资有限公司、山西省科技基金发展总公司、江苏省高新技术投资公司、上海科技投资股份公司、浙江省科技风险投资公司，等等。

据北京创业投资协会的调查资料（2001），到1993年底，全国共设立了11家创业投资公司；到1994年，创业投资公司总数增加到20家。这些创业投资公司主要是由高新技术开发区所在地的地方政府通过财政资金设立的。但进入1995年，地方政府直接出资设立“风险投资机构”的热潮有所降温。1995年与1996年，在全国范围内分别只有1家和3家创业投资公司设立。在这个阶段，创业资本来源主要是政府财政资金和少部分外资，民营部门对创业投资的参与积极性则一直没有被调动起来。

（三）从1997年至今：地方政府探索吸引民间资本从事创业投资阶段

鉴于前些年通过设立国有独资创业投资公司直接从事创业投资同样没有收到预期效果，中央政府与一些地方政府从1997年起开始探索以新的方式来发展创业投资业。在经过近两年的系统研究后，中央政府于1999年末颁发了《关于建立风险投资机制的若干意见》文件，按照这个文件的要求，国务院有关部门开始着手采取有关措施，以尽快建立起通过动员私人部门发展创业投资业的机制。在此期间，北京、上海、深圳等地也纷纷从1997年开始，率先探索吸引民间资本从事创业投资的途径。由于税收优惠等政策涉及到国家税制，地方无权改变，因此，地方政府对创业投资的税收优惠最多只能限于将创业投资企业作为高新技术企业对待（按照国家的有关规定，高新技术企业可以享受税收减免）。这就决定了地方政府推进创业投资业发展的主要措施只能是通过财政资金来促进民间资本对创业投资的参与。在中央政府的倡导和地方政府的实际推动下，中国的创业投资业在2000年有过一段短时间的快速发展。但由于相关配套政策迟迟没有出台，加上世界性的经济调整，中国的创业投资业于2001年以后陷入低谷。

据《中国创业投资发展报告2004》所提供的数据（下同），1997年当年，全国新增创业投资公司14家，增长率为58.3%，创业投资公司总数于年末达到38家；到2000年，全国新增创业投资公司达到了110家，增长率为114.6%，创业投资公司总数于2000年末达206家。

但是，2001年新增创业投资公司仅60家，2002年新增创业投资公司仅30家，2003年则净减少63家。

与创业投资公司数量增减相对应，创业投资资本的增长速度也于2001年以后明显放缓。2000年，全国新增创业投资资本180亿元，增长率为70.1%，创业投资资本总规模达437亿元。2001年新增创业投资资本仅为95亿元，2002年新增创业投资资本仅为49亿元，2003年净减少81亿元。

二、中国创业投资业现状

（一）中国创业投资业概况

2004年初，中国共有创业投资机构233家，所管理的资本总规模为500亿元。从组织形式看，目前的创业投资机构几乎都按公司形式设立。从管理方式看，90%左右的创业投资公司自行聘请经理班子进行管理，10%左右的创业投资公司采取委托其他创业投资公司或创业投资管理顾问公司管理的方式。

（二）中国创业投资机构的所有者构成

根据出资人的性质和出资比例，中国目前的创业投资机构的性质可主要分为以下四种类型：

（1）国有独资的创业投资机构，其资金基本上由地方财政直接提供或由国有独资公司安排；

（2）政府参股的创业投资机构，其资金一部分由地方财政直接提供或由国有独资公司安排，另一部分由国内其他机构、自然人提供；

（3）国内企业设立的创业投资机构（简称民间机构），其资金全部由国内企业（国有独资公司除外）、金融机构和国内其他机构和自然人提供；

（4）外国独资或合资创业投资机构。

尽管这些年各级政府都在努力采取各项措施改变前些年主要由财政出资直接从事创业投资的局面，但国有独资创业投资机构和政府参股的创业投资机构所占的比例依然较大，这两者之和所占的比例超过了一半。

（三）中国创业资本的来源构成

从来源结构进行分类，中国创业投资资本主要分为五类：（1）政府创业资本，包括政府和国有独资企业提供的创业投资资本；（2）国内企业创业资本，包括国内上市公司、非上市股份有限公司和有限责任公司等国内企业提供的创业投资资本；（3）外资创业资本，包括合资与合作机构、外商独资机构（含港澳台地区）以及境外机构投资于中国大陆的创业投资资本；（4）金融机构创业资本，包括银行、证券机构、保险公司和信托投资机构等金融机构提供的创业投资资本；（5）其他来源的创业投资资本。尽管这些年政府财政资金在创业投资资本总规模中所占的比重在逐年减少，但依然位居第一位，到2002年和2003年分别高达35%和33%。从增量上看，尽管在1999年和2000年受到政策鼓励的刺激，但民间资本进入创业投资领域的数量并未出现大的增长。2001年以后，创业投资资本的增量仍主要靠政府维持。例如，在2001年，政府资本在创业资本增量中占49.3%；到2002年，政府资本在创业资本增量中所占的比例上升到64.1%。

三、中国发展创业投资需要解决的五大制度性问题

创业投资作为一种“支持创业的投资制度创新”，其本身的

发展是需要一系列与之相适应的制度安排作为前提条件的。要扭转目前中国的创业投资业欲振乏力并且主要靠政府出资来支撑的局面，就必须解决好以下五大制度性问题。

（一）完善鼓励创业的基础性制度，实现创业投资动力机制由“主观愿望推动型”向“企业创业需求推动型”转换

从根本上讲，创业投资是适应创建企业这种特定意义上的创业活动的需要而起源并发展起来的。通过支持中小企业的创业活动和大型企业的再创业活动，创业投资可以间接起到推动高新技术产业发展的作用。但如果仅仅从发展高新技术产业的主观愿望，而不是从现实的创业活动需求来理解创业投资体制的动力机制，就可能使创业投资体制建设陷入空中楼阁的局面。因此，只有切实完善各种鼓励创业的基础性制度，激发起千千万万个企业的创业活力，才能将创业投资体制建设奠定在现实的“创业”基点上。一是应完善《公司法》、《合伙企业法》等有关企业组织的法律体系，保护创业者的合法权益。二是应按照《中小企业促进法》的要求，建立健全扶持创业的政策支持体系。三是积极营造鼓励创业的文化氛围。四是构造培育创业意识和创业技能的创业教育制度。

（二）疏通社会资本转化为创业投资的渠道，实现进入机制由“财政与国有企业投入型”向“多元资金投入型”转换

创业投资是一种高度市场化的投资行为。在创业投资发展初期，由于民间资金缺乏从事创业投资的积极性，由政府直接

出资设立创业投资公司是可以理解的。但从长远看，只有建立起主要由民间资本充当创业投资主体的机制，才能真正建立起与创业投资相适应的激励机制和风险约束机制。要实现创业投资进入机制由目前“财政与国有企业投入型”向“多元资金投入型”转换，就必须尽快完善以下制度：（1）通过立法，建立适应创业投资企业运作特殊要求的进入通道。从长远看，有必要修改《公司法》和《合伙企业法》，使之适应于创业投资公司和创业投资有限合伙的需要。但鉴于全面修改两部法律非一日之功，所以，目前国家发展改革委等国务院十部委正在依据《公司法》中的“由国务院另行规定”条款，通过制定《创业投资企业暂行办法》，来建立适应创业投资基金要求的法律制度，这也不失为一种现实选择。（2）进一步修改《证券法》，解决创业投资企业的私募问题。在国外，对证券投资基金、创业投资基金等各类证券的私募，通常都是通过《证券法》来调整的。但中国在制定《证券法》时还只是考虑到调整证券的公募，导致创业投资企业还很难按私募方式设立。因此，需要进一步修改《证券法》。（3）进一步修改《保险法》、《银行法》，为保险资金和银行资金按一定比例进入创业投资领域提供法律依据。

（三）发展多层次资本市场，实现创业投资退出机制由“即使跑到终点也得不到实质性奖励的马拉松长跑赛”向“能够及时得到奖赏的接力赛”转换

创业投资区别于产业投资的本质在于：产业投资以经营具体的产品或服务为手段，以获取产品销售收入或服务收入为目的，所以，只要产品或服务还有市场，就可以继续对其投资；而创业投资以培育和辅导企业为手段，以获取转让企业股权、实现高资

本增值收益为目的，所以，当企业不再具有成长性时就必须尽快退出，变现收益。创业投资的退出通道多种多样，所以，必须发展多层次资本市场，为创业投资提供多元的退出通道。一是应按照“两步走战略”，积极推进创业板市场建设，发挥创业板市场对创业投资退出的主渠道作用。二是可按照“先增量，后存量；先场外，后场内”的原则，积极稳妥地解决法人股流通问题，更好地发挥主板市场和创业板市场对创业投资退出的应有作用。三是积极扶持产权交易市场的发展。

（四）通过“间接扶持政策”，实现创业投资政策扶持机制由“政府直接出资从事创业投资”向“政府间接引导民间资金从事创业投资”转换

创业投资通过支持中小企业创业，有利于扩大社会就业，促进经济结构调整和产业升级，但由于创业投资不仅是一种高风险投资，而且存在规模不经济和作为弱势群体其自身权益容易受到侵害等问题，所以，对创业投资给予政策扶持是必要的。今后，随着法律制度的完善，政府对创业投资的扶持主要通过税收优惠等间接方式进行。由于一般商业性创业投资机构通常倾向于在企业已经处于扩张期才对其投资，所以，政府也可以设立一些政策性创业投资基金来弥补种子期和起步期企业的资本缺口。但政策性创业投资基金应通过参股民间创业投资基金的方式进行运作，这样，一方面可以减少政府的直接干预，另一方面可以充分发挥商业性创业投资机构的专家管理优势。

（五）运用法律手段和行业自律，实现创业投资监管机制从“行政直接干预”向“适当法律监管和行业自律相结合”转换

由于目前中国的创业投资机构不少是政府直接出资设立的，所以，难免存在行政直接干预的现象。但随着民间资本对创业投资参与度的逐渐增大，今后政府对创业投资的监管主要只宜限于受到政府扶持的创业投资基金。由于创业投资基金主要按私募方式设立，投资人自身就能较好保护自己的权益，所以，对一般性创业投资基金主要只宜通过由行业协会组织进行自律。

2004年6月23日在创业投资国际研讨会上的讲话

开展对基金的更深入的探讨

——王韬光著《共同基金：理论、运作、设计》序

共同基金或公共投资基金在西方国家已经有较长久的历史，而在我国，则是在最近几年内才受到重视并发展起来的。共同基金的设立为广大城乡居民开辟了可供选择的投资渠道，这样就可以广泛动员民间的资金，投入国民经济各个部门，以加快经济的增长，促进产业结构、地区经济结构、所有制结构的协调。

本书作者王韬光博士是我的学生。他毕业于北京大学法律系，1989 年获法学硕士，后去美国改学经济，获经济学硕士学位。在香港工作几年后，考入北京大学光华管理学院，在我指导下学习，并于 1999 年 7 月获经济学博士学位。他的博士论文《共同基金的理论和运作及其在中国的实践》，得到论文答辩委员会委员们的高度评价，认为这是一篇很有新意的、对中国发展共同基金有参考价值的论文。现在，王韬光博士在该论文的基础上扩展成本书，请我为之写序，我是十分愿意的。

王韬光博士提出四个重要的问题，我认为应引起经济界的关注：一是如何看待发展共同基金的文化背景；二是如何理解共同

基金与稳定股市的关系；三是开放式基金与封闭式基金之中究竟哪一个更适合当前中国的经济；四是共同基金对外开放的利弊比较问题。在这篇序言中，我准备就这四个问题谈些个人的看法。

一、如何看待发展共同基金的文化背景

王韬光博士指出，发展共同基金有两个决定性因素，即宏观经济形势和家庭风险取态。宏观经济形势好，企业盈利率上升，证券市场活跃，有利于共同基金的发展，反之，经济形势严峻，企业盈利率下降，股市低迷，必定对共同基金的发展产生负面影响，这是不言自明的。至于家庭风险取态，则是指家庭对共同基金投资的风险估计、承受能力以及所采取的态度。据1996年底的资料，在美国，家庭拥有占共同基金行业全部资产的47.2%，这是与美国家庭看好共同基金有关的。那么，中国的前景如何？中国的家庭会不会也如此，即把大量资金投入共同基金行业？

据王韬光博士的分析，在人们支付了最基本的消费之后，如何处置收入的剩余部分同人们对未来的信心或预期有关。现阶段中国家庭消费后的剩余有限，家庭的风险承担能力较低，因此不可能把大量资金投资于共同基金。这一分析是符合实际的。但我认为，这个问题还涉及共同基金发展的文化问题。中美两国的发展阶段不同，家庭的风险取态不同，文化背景也不同。投资于共同基金，用通俗的语言来表述，就是“把钱交给别人，让别人代你炒股”。在美国的文化背景之下，大家认为这是很正常的：“我信得过别人，别人炒股比我自己炒股强。”因此，共同基金对美国的家庭有较大吸引力。而在现阶段的中国则不然，一般的中国家庭可能这么想：“把钱交给别人代我炒股，还不如我自己炒股。”中国人可能更相信自己，即使赔了，也只是说“自己运气不佳”。为什么一般的中国家庭会有这种想法，是同现代信托

观念在中国社会上还未普及有联系的，而现代信托观念之所以不易很快普及，又同历史上长期自给自足的小生产者意识以及计划经济体制下一切依赖国家或单位的思想有关。由此可见，共同基金在中国社会上的推广需要经历一个较长的过程，不是短期内就能使一般的家庭转变看法的。

但从趋势上看，随着市场经济的发展，现代信托观念的日益普及将不可避免。中国的家庭以后肯定会越来越看好共同基金这一投资形式，对此不必怀疑。

二、如何理解共同基金与稳定股市的关系

王韬光博士在分析共同基金的作用时指出，不能把共同基金与股市平准基金类比。股市平准基金是政府用于干预股市的一种政策手段，而共同基金则是一种商业机构；此外，股市平准基金不以盈利为目的，而以稳定股市、减少股市的大幅度震荡为目的，共同基金作为一种商业机构是以盈利为目的，但客观上则有可能起到稳定股市的作用。他接着写道：在实际操作上，由于共同基金以盈利为目的，所以只要基金认为股市仍处于牛市，基金一定会买入，而不会像股市平准基金那样抛出，以平抑价格；而当股市发生逆转时，共同基金认为股市大市将步入熊市，于是会抛出股票，而不会去救市。应当指出，王韬光博士的分析是很有说服力的。

为什么我认为他的这个论点值得重视，原因在于目前确有一些人，包括决策部门的人员在内，总认为可以靠共同基金在股市上的买进卖出来稳定股市，错把共同基金当作股市平准基金来运作，其结果不仅扭曲了股市，而且还会把共同基金推入难以自拔的困境。

我是不赞成设立股市平准基金的。早在 1993 年 9 月 30 日的香港《大公报》上，我曾写过题为《靠什么来稳定股市?》的文章。我在文章中写道："靠建立股市平准基金来稳定中国股市的

主张是不妥的……既然股市是市场经济的重要组成部分，那就必须尊重市场经济规律，按市场经济的原则办事。证券法律法规应当完善，股份制企业必须规范化，上市公司的数目应多一些，它们的透明度应符合要求，政府则依法管理证券市场。这样，股市即使有起有落，仍应被视为正常波动。”不设立股市平准基金，发挥共同基金在稳定股市中的作用，都是遵循市场经济规律的表现。共同基金的最大特点，在于它们以理性投资者的身份参加股市的交易，它们既看重中长期投资的收益，也关心证券投资的短期收益，它们的行为较少受到散户的影响，不至于盲目追市，也不屑于这样做，这就从客观上有利于股市的趋稳。也正是从这个意义上说，发展共同基金能促进股市的稳定。

三、开放式基金与封闭式基金之中究竟哪一个更适合当前中国的经济

王韬光博士认为，开放式基金，一方面由于基金股东可随时要求基金赎回其股份，因此其流动性较强，对投资者也更具吸引力，另一方面，由于其可随时发行新股份，便于基金规模发展，所以目前美国90%以上的基金都是开放式基金。而在中国，则应当先鼓励发展封闭式基金，因为发展开放式基金的条件还不成熟。王韬光博士列举了发展开放式基金所需要的三个条件：

1. 证券市场的容量要足够大，流动性或每天交易额要足够多，基金才能迅速套现，以满足股东的赎回要求。

2. 上市企业数目要足够多，国债的二级市场及公司债券的债券化要长足发展，这样可供基金选择的余地就比较大。

3. 对基金管理公司的操作水平的要求也比较高。

对王韬光博士的见解，我是同意的。我曾在1994年3月24日香港《大公报》上发表过《哪种基金更合适?》一文，文章共

分三小节，它们的标题是：目前宜采封闭式基金；封闭式基金的四大优点；不必完全拒绝开放式基金。关于封闭式基金的优点，我归纳为：

1. 由于封闭式基金的发行数额是限定的，开放式基金的发行数额是可变的，不封顶的，在现阶段，如果基金选择开放式的，可能导致发行数额难以控制，不如主要选择封闭式，这样有助于金融的稳定。

2. 在中国，基金的发展有利于转换企业经营机制与调整产业结构，基金应注意中长期投资，这比较适合选择封闭式基金。由于开放式基金可以随时赎回，甚至管理公司有必要保留一部分现金备用，这样它们将会较多地注意短期投资。

3. 开放式基金的投资者关心的热点往往是短期收益，他们不关心企业的实际效益，而只关心差价，这不利于证券市场的正常发展。封闭式基金由于不能随时申请购买，又不能随时赎回，反倒有利于现阶段中国证券市场的正常发展。

4. 从运作上看，封闭式基金要比开放式基金简便些。现阶段中国的金融人才、证券管理人才、基金运作人才都不足，如果要选择开放式基金，人才不足问题将更加突出。

当然，无论是强调目前中国选择开放式基金的条件尚未具备或强调中国现阶段以选择封闭式基金为宜，都只意味着我们在发展共同基金时应从实际情况出发，而并非一概拒绝开放式基金。今后，随着经济形势的变化和设立开放式基金的条件趋于成熟，可以从封闭式为主的格局过渡到封闭式基金与开放式基金并重的格局。

四、共同基金对外开放的利弊比较

中国的共同基金行业是否对外开放和对外开放到何种程度，是证券界、金融界都关心的问题。王韬光博士从四个方面对这一问题进行了论述，并提出了自己的见解。

1. 是否容许外国共同基金在中国向中国的投资者销售其基金？是否容许中国投资者直接购买外国共同基金？对这个问题，应当从中国经济整体利益来考虑。可以预见，在现阶段和今后一段时间内，国内急需资金，资金是短缺的，有限的国内资金应当用于国内建设，所以不应容许外国共同基金在中国向中国投资者销售其基金。加之，中国的共同基金行业目前正处于起步阶段，在管理水平、投资技巧、投资经验、人才、实力上都无法同外国共同基金竞争，这也是限制中国投资者直接购买外国共同基金的理由之一。

2. 是否容许中国境内机构与境外机构在境外合资，组建共同基金？这主要看所组建的共同基金把资金投往何处。如果资金主要投于境外，那么就同前面所涉及的问题一样，目前不应容许这么做。如果资金主要投于境内，那就应采取鼓励的态度。

3. 是否容许境外共同基金投资于国内证券市场？由于目前国内证券市场分为 A 股市场与 B 股市场，B 股市场对外资是开放的，而根据《证券法》，A 股市场则不容许外资进入，因此境外共同基金投资于国内 A 股市场目前有法律上的障碍。但法律不是不可以修改的，只要条件成熟了，通过法定程序，可以对 A 股市场不开放问题做些修改。下一阶段需要考虑的是：A 股市场究竟开放到何种程度为宜？看来，世界上一些国家和地区的经验是值得参考的。以日本为例，至今对外资购买其证券仍有限制，新加坡、韩国、台湾地区也限制外资在本地证券市场上的活动。概括起来，或采取比例限制（对外资持有个别证券的比例规定某个上限，如 20%、40% 等），或采取总量限制（对外资在本地证券市场持有证券的总量设一上限，如 50 亿美元等），或在程序上有特别规定（如需要向主管部门提出申请等）。

4. 是否容许外国共同基金与中国适当机构在国内合资成立基金管理公司，从事人民币共同基金业务？这是应当予以鼓励的，但由于国内共同基金行业正在起步，经验不足，人才不足，所以应当由中方控股。

王韬光博士有关共同基金对外开放问题的上述分析，我认为是符合当前中国经济的实际情况的，他的一系列论点有说服力。在共同基金对外开放的形式与程度上，始终应以利弊得失的比较分析作为考虑的重点。总的来说，共同基金的对外开放有利也有弊，对于利弊，应当进行具体分析。

比如说，外国共同基金在经验、人才、管理水平、投资技巧等方面都有长处，无论是容许它们进入国内市场还是容许它们同中国共同基金合资，都可以促进中国共同基金的运作水平的提高，从而有利于中国共同基金行业的发展。但另一方面，由于外国共同基金经济实力雄厚，加上又有其他方面的优势，如果在国内市场上同中国的共同基金竞争，对中国共同基金的发展肯定是不利的。因此，为了趋利避害，在目前和今后的一段时间内，只能采取一方面限制外国共同基金在中国向中国投资者销售其基金，另一方面鼓励它们同中方合资，并在中方控股的前提下在国内从事人民币基金业务。这是一种两全之策。

又如，国内资金短缺，有限的资金应当主要用于国内建设。如果不加限制地容许外国共同基金吸收中国投资者的资金并用于国外投资，显然不利于中国的经济建设。但如果能采取措施把外国共同基金的资金吸引到国内的投资领域中来而又不至于引起国内证券市场的大震荡，那么中国共同基金开放到这种程度，也是合情合理的。将来经济形势变了，可再作调整。也就是说，共同基金对外开放的利弊也是随着经济形势的变化而变化的，变化后的利与弊比较的结果，必然导致共同基金对外开放程度的变化。

王韬光：《共同基金：理论、运作、设计》，北京大学出版社2001年版

基金与信托

——欧阳卫民著《债券、基金和货币市场》序

欧阳卫民同志撰写的《债券、基金和货币市场》一书所探讨的课题，正是当前中国经济中最重要、也是最有研究前景的课题之一。它之所以重要，因为这不仅涉及经济体制改革（包括企业体制改革与金融体制改革）的进展，而且涉及中国今后较长时期内的经济发展速度与经济效益变动。它之所以有研究的前景，则主要有两方面的原因：第一，国际上对债券、基金和货币市场的研究虽然比较充分，但随着金融创新及其影响的日益扩大，人们对债券、基金和货币市场的认识也在不断深化，已有的研究成果不一定能满足金融创新以后投资者的需要，因此研究工作仍需深入开展，解释新问题，提出新观点。第二，国际上对债券、基金和货币市场的研究主要依据发达的市场经济国家的情况而进行，相对地说，有关发展中国家的这方面的研究还不多，然而，中国并不是一般的发展中国家，而是一个转型发展中国家，当前中国的债券、基金和货币市场的发展都处于从计划经济体制向市场经济体制过渡的过程中。因此，有关中国的债券、基金和

货币市场的研究无疑是一个有待大力开展的工作，从事这方面的研究肯定会结出丰硕的果实。

欧阳卫民同志获得博士学位后，多次表示愿意进入北京大学的博士后流动站从事研究工作，但由于他工作调动，未能如愿。尽管如此，他在实际的金融管理工作之余，仍孜孜不倦地读书、研究、写作。他的这本著作凝聚了近几年工作的经验与学习的心得，切合中国经济的实况，很有参考价值。在许多方面我都同意他的观点。

我对中国的证券市场发展一直十分关心。债券、基金也是我研究的一个领域。最近十多年来，我曾一再呼吁加速中国的股份制改革，加速推行公开市场业务，以及加速投资基金的建立与规范化。关于投资基金，我的看法是：中国的投资基金一开始就存在自发的倾向。这里所说的自发倾向，主要是指法律与行政法规建设的滞后。一个明显的证据是，在全国缺乏事先的法律准备，甚至连投资基金建立与操作的规则都不具备的情况下，投资基金完全是由地方政府与企业界自行发起建立的。等到投资基金已经建立并在群众中引起反响之后，有关管理部门才着手考虑规范化的问题。这不能不被看成是中国投资基金发展的一大特点。

由于自发倾向的存在，投资基金的投资方向以及投资基金的管理等问题不一定符合国家产业政策与证券市场管理的要求。而在广大社会投资者的心目中，投资基金券或者被视同于股票，或者被视同于债券，或者被视同于股票加债券，即一方面保本保息，另一方面又能在证券市场上随行情而起落，持券人可通过买卖而获得更多的收益。在自发倾向之下，社会投资者对投资基金券的过高的期望值是不利于投资基金的正常发展的。因此，从1995年起，投资基金热一下子就消失了。

回顾1994年与1995年，中国投资基金在运作中存在的主要问题同较长时间内宏观经济的偏紧与银行利率偏高有关。由于一段时间内宏观经济偏紧，不少企业的经济收益下降，并且在市场上前景欠佳，所以投资基金的资金投向便产生了很大困难。投资基金在这种情况下必须考虑投资风险问题。企业经营状况不好，必然使投资风险增大，于是投资基金难以运作。加之，由于银行利率偏高，广大社会投资者鉴于一段时间内投资基金券的回报率偏低，而且投资基金券本身的价格也低落不振，因此对投资基金失去信心。投资基金管理机构则认为，既然银行利率偏高，投资回报率偏少，那还不如购买国库券保值，或者投资于非生产领域，以求获得较高的收入。这样也就不符合建立投资基金以促进产业结构调整与技术创新的最初意图。

由此看来，及早制定有关投资基金的法律、行政法规固然非常必要，但要使得中国的投资基金市场活跃起来，并且使投资基金的运行比较顺利，应当为投资基金的运作造就一个合适的宏观经济环境。宏观经济环境差，即使制定出再好的法律、行政法规，也难以确保中国的投资基金有广阔的市场前景。

可喜的是，从 1996 年起，宏观经济环境已比 1994～1995 年有较大的改善。不仅利率两次下调，保值储蓄中止，而且随着通货膨胀率的下降，投资基金的发展已具有较好的客观条件，加之，有关投资基金的管理办法也将出台，所以我们相信，今后将是投资基金发展的良好时机。欧阳卫民同志在书中提出的中国基金市场的发展前景，我认为是有说服力的。

在研究中国的债券、基金和货币市场问题时，信托业的发展程度是一个不可忽视的问题。根据发达的市场经济国家的经验，没有信托业的发展，债券、特别是投资基金的发展都会受到限制。以中国的情况来说，正如我们所了解的，随着企业改革的深入，失业问题与退休职工的养老问题越来越突出，社会保障体制改革的重要性和紧迫性也越来越被人们所认识和理解。然而在中国，社会保障体制改革的难度却相当大。一方面，这是由于多年来人们生活于计划经济体制之下，“国家把企业包下来，企业把职工包下来”的思想在社会上有广泛影响，因此人们不习惯适应于市场经济体制的社会保障方式；另一方面，新的社会保障体制的建立主要依靠用人单位与职工以及一切参加社会保障的人的缴纳，经费的筹集与运用是一个难题。这两个问题不解决，新的社会保障体制只可能缓慢地建立。

但走向新的社会保障体制则是大势所趋。方向是确定的。现在需要着重解决的是，如何筹集与运用社会保障基金，并通过实践，使社会各界了解新的社会保障体制的好处。

信托机构完全有可能在新的社会保障机构的建立方面发挥积极的作用。信托机构作为非银行金融机构，有下列职能：一是财务管理，二是投资与融资。

信托机构在发挥其财务管理的职能时，可以接受社会保障职能管理部门的委托，对庞大的社会保障基金进行财务管理，并利用自己的经营能力，通过直接投资与间接投资等方式，实现社会保障基金的保值、增值，使社会保障职能管理部门处于委托人的地位而避免直接介入资金的使用与运作之中。

信托机构在发挥其投资融资的职能时，可以在社会保障职能管理部门临时需要较多的资金而无法应付保障支出时，提供相应的支持，以维护社会保障工作的正常运转。

信托机构作为受托人，社会保障职能管理部门作为委托人，二者之间的关系是一种信托契约关系，由法律、法规给予保障。至于社会保障基金的运作成本，则可以依靠上述委托与受托关系下降到尽可能低的地步。

正如欧阳卫民同志在书中所指出的，基金的运作是关系到基金能否发展的主要问题，在中国，如果能通过社会保障体制的改革，通过信托业的发展，充分发挥基金市场的功能，那么基金的运作必将顺利得多。在这方面，可以借鉴发达的市场经济国家的一些做法。例如，建立企业职工福利信托，即由企业提取利润的一部分，并按期从职工工资中扣除一部分收入，交给受托人（信托公司）进行投资管理，而参加企业职工福利的职工则在到达退休年龄或丧失劳动能力时，由受托人从信托财产中支付养老金。受托人则通过自己的合法经营，包括投资于债券、基金券或其他有价证券，以及经过批准的经营范围内的业务，获得一定的收益。这样，社会保障、信托业与基金市场三者的发展就可以有机地结合在一起了。此外，为了推动社会公益事业的发展，公益信托业务也是大有可为的。公益信托业务尽管是非营利性的，只能收取相当于管理经营费用的报酬，但由于受托人同样需要对信托财产进行运作，所以客观上仍然会促进基金市场的成长。在中国，公益信托业务的开展远远不够，这也将是结合社会保障与慈善事业的推进而有待于发展的信托业务之一。

欧阳卫民：《债券、基金和货币市场》，中国金融出版社1997年版在我国经济发展与经济改革的过程中，理论上不同观点的争论是不断发生的。谁有资格进行评判？不是某个权威，不是某个行政部门的负责人，而只能是经济发展与经济改革的实践。实践的检验需要时间。

营造更加适合经济理论创新的环境

2001 年 8 月 7 日，江泽民同志在北戴河的讲话中指出，哲学社会科学工作者要坚持理论联系实际，注意研究全局性、前瞻性、战略性的重大课题，促进理论创新、制度创新、科技创新的蓬勃进行。江泽民同志的这一讲话，凝结了改革开放以来哲学社会科学发展的历史经验，鼓舞着哲学社会科学工作者更积极地从事理论的创新。

经济学是哲学社会科学的一个重要组成部分，要实现经济理论的创新，必须为此提供合适的环境。党的十一届三中全会以来，经济学研究的环境比过去改善了很多。而在党的十四大、十五大以后，经济学研究的环境又有了进一步的改善，否则我国的经济学研究不可能取得这么多成果。但也应当承认，为了迎接新世纪的挑战，经济理论创新还需要有更加合适的环境。下面从四个方面对此进行分析。

一

由于经济学的验证是滞后的，目前的研究成果要由今后的实践、甚至更长时间的实践作出判断，因此，行政部门不宜对某项研究成果匆忙作出肯定或否定的结论，不然就会阻碍经济理论的创新。

在我国经济发展与经济改革的过程中，理论上不同观点的争论是不断发生的。谁有资格进行评判？不是某个权威，不是某个行政部门的负责人，而只能是经济发展与经济改革的实践。实践的检验需要时间。一项研究成果究竟是正确的还是错误的，或者说，如果正确，那么正确到何种程度，如果错误，错到何种程度，都不是眼前就能被证实的，甚至不是较短时间内能被证实的。这就是经济学说史上所说的“经济学验证的滞后性”。不仅如此，而且情况还会有反复，比如说，一种观点，经过较短的时间，仿佛已被证明是错误的，但又过了一段时间，实践才证明它是正确的。关于这一点，在经济发展与经济改革中可以举出不少例证。正是从这个角度来看，行政部门对于经济学中的争论应当采取冷静的态度，不要急于表态，而要把争论双方的观点置于同等的位置，仔细研究，看看其中有哪些值得思考之处。经济理论的创新所需要的正是这样的大环境。

应当指出，这里所谈的经济学争论的问题，是在坚持以马克思主义、毛泽东思想、邓小平理论为指导的前提下进行探索和论证的。假定涉及的是关于政治方向、政治原则等大是大非问题，那么毫无疑问，不仅行政部门，而且研究者本人，都应当有明确的态度，因为这已经不是学术问题了。

经过一段时间，如果实践已经证明某种经济观点是不正确的，那也不必因此而对持有这种观点或曾经持有这种观点的研究人员采取轻视、歧视的看法。一个经济学研究人员，可能在这个课题中所得出的研究结果被实践证明不正确，但不等于他在其他课题研究中不会得出或不曾得出正确的论点。那种“一错全错，一对全对”的评价标准不利于经济学研究者的探索，同时这种评价标准也是非常不公正的。再说，即使经济学研究中得出了已被实践证明是不正确的论点，对于同时代的或以后的研究者来说，也并非没有帮助，至少提供了经验教训，从而可以使其他人少走弯路。正如江泽民同志在北戴河讲话中所说：从马克思主义认识论的角度看，成功的探索可以取得接近真理的认识，失败的探索可以成为接近真理的过程。只要我们采取这种态度来对待经济学研究中的失败的探索，鼓励探索与创新的良好环境就会形成。

二

经济学研究者可以对现行经济政策提出各种不同的意见，供决策机构参考，这应当被看成是正常的现象。如果把经济理论研究看成是只能给现行经济政策作注释，那就无疑扼杀了经济理论创新的可能性。

经济学研究应当为现实服务，为当前经济发展的实践服务；经济学来源于实践，又服务于实践。但这不等于经济理论研究只能给现行经济政策作注释。经济学服务于实践的方式是多种多样的。一个经济学研究者，他可以对现行经济政策进行阐释，使这些政策在理论上得到进一步的论证，或者使它们易于被广大人民所接受；他也可以针对现行经济政策进行探讨，指出其不足，以便这些政策能够趋于完善，取得良好效果；他还可以对这些政策提出相反的意见，比如说，认为它们的设计有问题，或指导思路有问题，因而有不可忽视的负面作用。以上这些，都应当被看成是经济学对实践的服务。如果经济学研究对现行经济政策提出了相反的意见，这将有助于政策制定者深入思考，想一想这些经济学研究者所提的意见是不是也有些道理？假定政策制定者经过再三研究、思考，确信政策的设计并无差错，那也不妨从另一个角度思索一下：为什么这些经济学研究者会提出这种不同的、甚至相反的意见呢？是不是自己所掌握的信息与他们所掌握的信息有不同的来源？是不是自己所采用的计算方法与他们所采用的计算方法不一致？这种思考绝不是多余的。

要知道，绝大多数经济学研究者都在通过对各种经济问题的研究而为社会主义现代化事业贡献自己的力量，他们都希望有更加合适的环境。如果缺少这种环境，经济学研究者之中，尽管不少人仍会坚持进行研究，不受环境不佳的影响，但也会有些人将因此增加顾虑，放弃对现行经济政策的探讨，甚至不愿再进入这一研究领域。这不仅是学术研究的损失，更是社会智力资源的损失。对经济学研究者本人而言，应当有坚持真理、修正错误的治学精神。假定长期的实践已经证明自己的某些论点是不正确的，那就要有勇气来对待它们，该修改的修改，该摒弃的摒弃。这正是一切服务于实践的经济学研究者应有的态度。

三

要为经济学研究人员深入实际，进行调查分析创造条件，提供便利。

要实现经济理论的创新，经济学研究者一方面要解放思想，勇于研究新问题；另一方面要脚踏实地，从实际出发。这两个方面是不可分的。不解放思想，受到书本中个别论断的束缚，难以把理论研究推向新的高度；不脚踏实地，不从实际出发，也就难以真正有所突破，有所创新。改革开放二十多年经济学研究所取得的成绩，充分证明了这一点。

应当指出，经济学研究人员深入实际，进行调查需要物质条件，而这里所说的物质条件通常是研究者个人无法具备的，因此就需要由外界提供帮助。不仅经济学研究，而且整个哲学社会科学研究都需要有较多的研究经费，以及其他为理论联系实际所必不可少的物质条件。

在现实情况下，为经济学研究提供经费和其他帮助的，可以有以下四个渠道：一是国家、各部委、省市地方政府；二是企业界，包括国家独资企业、国家控股企业、股份制企业、民营企业、乡镇企业等；三是各个高等学校、科研机构、出版单位、群众团体；四是各种赞助经济学研究的基金会，以及一些社会人士的捐助。要充分利用各种渠道来支持经济学的研究，而国家、各部委和省市地方政府的拨款应当有较大幅度的增长。申请研究项目和批准的程序要公开化，手续要适当简化，在这方面，一定要实行“公开、公平、公正”的原则，要杜绝种种不正之风。科研项目申请的评审与选拔人员的组成，要定期更换，要把一些能了解经济学最新动向和经济学前沿问题的专家吸纳到评审与选拔科研项目的队伍中来。

在经济学的理论与实际相结合的过程中，不应当有“急于求成”的想法。“急于求成”不符合经济学研究的规律。有一些重大的经济理论研究方面的突破，是日积月累，多年研究的成果。开始时，可能不被人们所重视，甚至有威信的专家们也不一定了解其中的新论点究竟有多大价值。这往往是在经历了一段时间之后，才逐渐被人们所理解。因此，“急于求成”只会助长经济学界浮躁的作风。浮躁是同肤浅相联系的，浮躁、肤浅不可能实现理论创新。

四

为了实现经济理论的创新，要大力培养中青年经济学研究人员，并给予他们必要的帮助。

在中国现代化的进程中，有许多经济问题需要研究和解决。其中，既有纯理论的问题，也有发展与改革实践中的问题，还有经济学与其他学科交叉的问题。研究人员无论从数量上还是从质量上说，都是不足的。大量问题，特别是新出现的问题，有待于中青年经济学研究人员去探讨。经济理论不会停留在已有的水平上，中国现代化的实践是经济理论创新的源泉，也是经济学研究在中国具有光辉前景的依据，希望寄托在中青年经济学研究者身上。因此，当前迫切需要加强对中青年经济学研究人员的培养。

在职称晋升时，对于经济学研究人员的考核，应当以他们在理论研究以及理论联系实际方面所做出的成绩为依据。学历、工作经历固然是不可缺少的，但这些并非主要的依据。对研究成果的评价，质量要比资历重要得多。不仅如此，在评价研究成果时，作品数量的多少不能反映研究成果质量的高下。一篇有新意的论文，胜过若干篇平庸之作。一部有开拓性的小册子，胜过若干部剪辑拼凑而成的长篇大作。只有根据作品质量进行评价，才能鼓励中青年经济学者在理论创新的道路上前进，才能打破沉闷的、缺乏生气和活力的经济学研究的现状。

经济学研究人员，总是从默默无闻到逐渐成名的，总要经历从开始投稿无人理睬到报刊杂志和出版社纷纷前来约稿的过程。对于中青年经济学研究者来说，要沉静，要淡泊，要孜孜不倦地着力于钻研；而对于那些对中青年经济学研究者寄予厚望的人来说，则要尽可能去帮助他们，让他们快些成长，成为经济理论创新的主力队员。除了帮助他们出版自己的著作，让他们有机会到国外去进修和考察以外，还应当设法让他们有机会带着自己的研究成果去参加国际学术会议。我们这一代人，不正是这样走过来的吗？前辈经济学家对我们这一代人的帮助，使我们深深地懂得，经济学研究是一场接力赛跑，一棒接一棒。但与体育场上的竞赛不同的是，经济学研究的接力赛跑没有终点，因为理论创新是没有止境的。

江泽民同志在北戴河讲话中强调，要进一步形成良好的哲学社会科学人才培养激励机制，促进哲学社会科学优秀人才不断成长。这是对包括老中青研究人员在内的经济学工作者的巨大鼓舞。坚信在这一讲话的鼓舞下，我国的经济学研究必将取得更大的成就。

原载《教学与研究》，2002 年第 1 期

注重智慧投入
强化精品意识

当我们谈到科学研究应当具有精品意识时，对社会科学研究的特殊性需要有清醒的认识。同自然科学相比，社会科学的研究有自身的特殊性，有自身的规律。甚至同文学、哲学、历史学科相比，经济学、法律学、政治学、社会学等社会科学的研究也是有相当明显的区别的。但这并不是说社会科学研究中由于有特殊性就可以抛弃精品意识，恰恰相反，这更表明树立精品意识对于社会科学研究的重要意义。而社会科学研究能否出精品，主要取决于研究者智慧的投入。

一些年轻的社会科学研究工作者在进行社会科学研究过程中经常提出一些涉及研究本身的问题，大体上有四个问题：一是若干关系到社会主义现代化事业的重大理论与政策问题，都是最高领导层讨论和作出决策的，我们这些一般的教师和研究人员能起多大作用？二是社会科学研究成果的评价要由实践来作出，而实践的验证往往是滞后的，甚至会滞后相当长的时间，怎能根据某一项研究成果是在什么等级的刊物上发表的，或根据眼前某些评论者的叫好或斥责来判断它是不是精品？三是社会科学研究中的精品通常需要投入大量的人力，广泛调查，收集资料，论证分析，才能符合国情，按照现有的人力与财力来衡量，精品还远不是我们这些一般教师和研究人员力所能及的，而且现在教师和研究人员的提升职称和工作考核，要看每年发表作品的数量，这不是难以解决的矛盾吗？四是学科之间的交叉或相互渗透已越来越普遍，名副其实的精品的产生，或者需要研究者自己有跨学科的训练，有不止一个学科领域内的较高造诣，或者需要几个相关学科的研究人员共同努力，这些都不是我们这样一般的教师和研究人员所能做到的。因此，出精品虽然必要，但同几十年前的情况相比，的确是越来越难了。

这些问题，实际上是我们所有社会科学工作者在进行社会科学研究过程中都要思考的重要问题。

一、树立社会科学研究可以有所作为的决心和信心

在我国，有关社会主义现代化事业的重大理论与政策问题，的确是由最高领导层作出决策，并付诸实施的，但这并不等于在政治、经济、法律科学的研究方面，人们不可能有什么作为。最高领导层的决策同社会科学研究者们的努力不是没有联系的。这是两个层次问题，这两个层次是紧密相连的。回顾党的十一届三中全会召开前关于真理标准的讨论，十一届三中全会召开以来这些年内关于体制政策、经济发展战略、法制建设的研究，不都有广泛的学术探讨的基础吗？社会主义现代化的理论是依靠集体的力量和智慧加以丰富与发展的。从这个意义上说，在社会科学研究中，我们需要的是有创见的研究，有研究成果的精品。在重大

政策制定以前，学术界的研究成果为重大政策的制定提供参考和依据；在重大政策付诸实践的过程中，学术界的研究成果同样为此提供参考和依据，以便使之进一步完善。

要知道，最高领导层的决策是集中了社会各方面人士的智慧而作出的，其中包括了社会科学研究者们的智慧。决策的依据是信息，信息来自多方面。不同的社会科学研究者所进行的研究及其成果，可能彼此有观点上的分歧，这是正常的情况。但这并不否定每一项研究成果在决策过程中的意义，没有比较又如何能判断出正误，或正确程度？因此，社会科学研究者要有出成果、出精品的决心和信心。

当然，社会科学研究绝不仅限于政策的研究。政策研究中可以有精品，也可能有平庸之作，甚至是粗制滥造的东西，而在政策研究领域以外，还有许多有待于社会科学研究的课题。这些课题要有杰出的、独创性的研究成果，都需要脚踏实地，勤于思考，勇于探讨，这样才能在研究中有所突破，有所创新。怎能认为社会科学研究者很难有所作为呢?

二、以高度的社会责任感积极开展社会科学研究

社会科学研究的目的不是研究本身，而是出于一种社会责任感。一个研究纯理论的人或研究历史课题的人，不一定不具有社会责任感，而一个研究应用问题、现实问题的人，也不一定具有社会责任感。有了社会责任感，研究者就勇于探求真理，坚持真理，修正错误，就会治学严谨，认真进行研究工作。这时，研究成果的验证滞后问题，也就不在研究者考虑之内了。出于社会责任感，他对科学负责，对人民利益负责，对历史负责。当他认为自己的研究成果是经得起实践检验时，他将坚持自己的观点，社

会责任感给他以力量。即使在以后，当他发现自己的研究成果在经过实践检验后还存在着这样那样的不足之处时，他会面对实践，修正自己的观点，这同样是社会责任感给了他力量。

在社会科学研究中，经得起实践检验的研究成果才是真正的精品。因此，要树立精品意识，就应当具有社会责任感，这正是关键所在。至于某一项研究成果发表于什么样等级的刊物上，这不是主要的。刊物的等级对评论者说来，只不过是一种参考而已。某一项研究成果刚发表时，可能无声无息，没有多少人注意到它；也可能一发表就引起非议，受到这样或那样的指责，甚至还使作者本人受到种种不公正的待遇；也可能发表以后就受到外界的赞扬，被说成是多么了不起的杰作……如果社会科学的研究者有责任感，是出于社会责任感而进行研究和写作的，那么他不会过分注意到这种指责或赞扬，因为他除了懂得社会科学研究成果的检验往往会滞后一段时间，甚至会滞后若干年以外，他还会冷静地思考：别人说我错了，我是不是真的错了？别人赞扬我，我的观点、我的作品是不是真的那么有价值？冷静的思考，有助于今后研究工作的开展。

三、以研究者智慧的投入取得社会科学研究的优秀成果

社会科学研究者要出优秀成果，要出精品，无疑需要有大量的研究经费。经费越充足，越能使研究工作开展得顺利。但相形之下，在各种要素投入中，最重要的是研究者智慧的投入。缺少了研究者智慧的投入，即使经费投入再多，也不一定能保证出精品。

研究者智慧的投入，同研究者在研究过程中的独立思考有着密切的联系。书读得再多而缺少独立思考，实际调查资料收集得再多而缺少独立思考，那就提不出新问题，也解决不了新问题，

更谈不到开辟某一方面的学术研究的新领域或新途径了。独立思考是理论创新的第一步。迈出这第一步固然不容易，但却是不可缺少的。我们在社会科学研究中，一方面要争取有较多的经费投入，另一方面要有独立思考。经费投入的多少，并不单纯取决于研究者自己，而独立思考与否，却取决于研究者本身。

当然，我们也不能忽略现行的教师和研究人员为了提升职称和工作考核而追求作品发表数量的情况。单纯追求数量而不注重作品的质量，必然是一种误导，它使得许多教师和研究人员没有时间与精力去从事深入的钻研，甚至连独立思考都顾不上。这个矛盾如何解决，则应当听取广大教师和研究人员的意见，从考核制度上着手，总的原则应是：作品的质量第一，而不要只看数量。

四、重视社会科学研究者的基础训练和知识结构的调整

社会科学、人文科学，甚至自然科学的各门学科是相互影响、相互渗透、相互联系的。在各门学科之间，已经出现并即将出现一些交叉学科、边缘学科。社会科学研究中的创新，有些产生于交叉学科、边缘学科的领域内，这一点已经越来越被人们所认同。

由此涉及社会科学研究者的基础训练和知识结构调整问题。基础训练越扎实，越有可能在交叉学科、边缘学科领域内作出研究成绩，知识结构的调整也越有可能性。要知道，知识更新的速度正在加快，知识废旧率也正在上升。社会科学研究者要不断学习，这不仅是为了使自己不致落后于时代的要求，而且更是为了能在今后的研究中作出新的成绩。

正因为社会科学研究中越来越多地涉及跨学科的研究，所以

要涌现精品，就必须在强调每一个社会科学研究者调整知识结构的同时，还要特别强调组织若干个相关学科的研究者共同研究某一重大课题。单个人的力量毕竟是有限的，协作的力量则比这大得多。在参加若干个相关学科的共同课题的研究过程中，每一个研究者既会感觉到自己为这些共同课题的研究作出了贡献，更能从中学习到新的知识，知识结构的调整也就自然而然地实现了。

北京大学是一个综合性大学，有着多学科的优势，也有跨学科研究的优势，理应在这方面作出更多的成绩。严谨的学风一直是北大的特色，在研究中，我们一定要保持和发扬北大的这一特色。学风不严谨，浮躁，急于求成，出不了精品。反过来说，精品本身就包含了学风的严谨。

为什么有些社会科学研究者比较浮躁？可能是由于求成之心太急。求成之心太急，也许有各种各样的原因，比如说，为了提升职称的需要，为了应付某家出版社的索稿而不得不以“早日还清欠债”的心情来写稿，或者是为了赶任务，奉命而作不得不仓促上阵，仓促收尾。急于求成，必定浮躁不定，也就很难保持严谨的学风，更谈不到出精品了。我曾经对一些青年教师、博士硕士研究生说过：要勤于思考，要脚踏实地，研究起步时，宁肯步子稳一些、慢一些，踏踏实实地做学问，搞研究，这样更有利于将来的成长。只要循着这样一种方式前进，出研究成果时，必然是以质量取胜。一部研究中的优秀成果，胜过若干部平庸之作，而同那些粗制滥造的作品就更无法相比了。

原载《中国高等教育》，2001 年第 12 期

创办有中国特色的商学院

北京大学光华管理学院在国内较早致力于企业管理案例库的建设和案例教学。经过多年的努力，北京大学企业管理案例研究中心已经卓有成就，光华管理学院的案例教学规模和质量也得到了很大提高。同时，案例中心与企业界的联系也较为密切。案例中心请企业家举办的讲座形成了系列，形成了品牌，现在北京大学出版社结集出版了《换个方向就是第一》、《破解竞争力陷阱》，使未能到现场听讲的人得以分享，更是一大好事。

光华管理学院的院训是“团结、博采、实践、创新”，这是光华管理学院建院时全体教职员经过热烈讨论后制定的。

院训中，首先是“团结”二字。光华管理学院的教师来自国内外各个不同的学校，光华管理学院的本科生、硕士生、博士生的来源也各不相同，而MBA、EMBA、EDP的学员则来自各种不同类型的企业。但不管来自何处，一进入光华管理学院就是“光华人”，都要全心全意为光华管理学院的成长做出贡献。学院的声誉和业绩是靠大家创造的。学院的竞争力来自“光华人”的凝聚力，没有这种凝聚力，哪有学院的今天和明天？

院训中的“博采”，是指博采众长。博采不仅仅是办学方针、办学经验的博采，也不仅仅是经济和管理理论方面的博采，还包括了实践中的博采。只有博采众长，才能推陈出新。

院训中的“实践”是多方面的。教师到企业去，到农村去，到贫困的地区去，调查、研究、讲学，是一种实践；请企业家、中央和地方的政府官员到学院来，传授知识，谈经验，谈改革，谈发展，谈思想，同样是一种实践。光华管理学院不是象牙塔，也决不能把它办成经院式的学习园地。学院的发展与中国管理实践密切相连，中国企业管理理论体系的建设和发展与中国管理实践密切相连，理论与实践永远是一种相互依存与相互推动的关系。这就是院训中“实践”的含义。

院训中的最后两个字是“创新”。团结为创新打好基础，博采为创新提供条件，实践带来创新，创新来源于实践。光华管理学院全体师生员工都应该有这样一种使命感，即把光华管理学院办成有中国特色的一流商学院，创新应当体现于此。要知道，中国各所大学的商学院同美国一些著名大学的商学院是不一样的。他们只培养 MBA 和 EMBA，而我们既要培养本科生和一般的研究生，也要培养 MBA 和 EMBA。最优秀的高中毕业生考进了北京大学光华管理学院，我们不精心培养他们，怎么对得起这些孩子和他们的家长？怎么对得起国家？今天的北京大学是社会主义国家的国立大学，光华管理学院作为北京大学下属的二级学院，必须承担为国内贫困地区、少数民族聚居地区培养管理人员的任务。这基本上是义务性的工作，是“光华人”义不容辞的责任。这怎么能同商业性的国外某些商学院相比？因此，我们必须走出一条新路，办成有中国特色的商学院。这就是说，北京大学光华管理学院一方面要向国外的著名商学院学习，向国际标准看齐；另一方面，必须结合中国的国情，在理论联系实际上形成自己的特色，这样才能真正实现创新。

这里要谈一谈我对商学院 MBA 班的评估标准的看法。国外通行的用MBA班毕业生的年薪高低作为重要指标，这对于中国的情况来说，是不妥的，因为中国正处于转轨时期，各种类型的企业之间、各个地区之间、企业工作人员同政府工作人员之间，年薪差别太大。不能认为MBA毕业生全到外企工作，到东南沿海工作，到金融、证券部门工作（那里年薪较高），就算商学院的质量高。何况，即使要算收入，那么某些优秀的MBA毕业生先去自行创业的，又该怎么算？有的刚开始可能不赚钱，甚至还赔本，难道这就算商学院的质量低？如果一定要从年收入或财产方面来衡量，那倒不如用10年为期，算一算年收入或财产的增量作为指标。以某人入学前的年收入或财产为基数，10年后，再看看年收入或财产增加了多少。这可能更有参考性。

除了年收入或财产的增量以外，学生在商学院学习期间知识和能力的增量，以及社会联系面的增量，也应是衡量商学院办学成绩的指标。

我希望有更多的优秀企业家走进北京大学光华管理学院，帮助、激励和培养我们的学生。我希望光华管理学院有越来越多的学生成为优秀的企业家，然后再回到光华的讲堂。光华管理学院一定会在这种循环中加速成长，中国企业的管理水平也会在这种循环中加速提高。

2004年7月29日同《北大商业评论》编辑部工作人员的讲话

管理既是科学又是艺术

——虞有澄著《我看英特尔》序

虞有澄博士所写的《我看英特尔》一书在中国大陆出版了，除了对此表示祝贺以外，我还想就管理究竟是科学还是艺术的问题谈一些看法。这正是我读完本书以后最先涌现的念头。英特尔公司的成就和虞有澄博士杰出的管理才能给予我不少启示。

在学术界，在国内的一些报刊杂志上，曾经对管理是科学还是艺术的问题展开讨论。问题是这样提出的：有些人认为管理无疑是一门科学，而且管理也只能是科学。正因为如此，所以在管理工作中有必要提出科学管理或管理科学化的原则。另一些人则认为，管理主要是指领导管理，而不是仅指下级人员的管理，下级人员的管理完全按规章制度去做，但领导的管理是决策性的，这应当被看成是一种艺术，并且把它说成是艺术更为恰当。于是领导管理通常被称为领导艺术，可见把管理看成是艺术，是有道理的。

在讨论中还出现了另一种看法，即认为管理既是科学，又是艺术。中国科学院系统科学研究所的刘源张教授是我的老朋友，他多次同我交换看法，他就是持有管理既是科学，又是艺术这种观点的代表者之一。他在《科技日报》上写道：“如果多从管理科学的一面看：这就更多要求它的科学性。因为只有这样，管理科学才能传授、交流和发展。如果多从管理实践的一面看，这就更多要求它的艺术性。而这艺术性又多是依赖经营者和管理者自身的经验……两者相辅相成，管理科学才能对管理实践起到应有的作用，管理实践才能对企业的效率和效益作出应有的贡献。”我是同意刘源张教授的观点的。英特尔公司之所以能在不长的时间内发展壮大，与高技术人才的汇集与精心钻研分不开，与技术创新不断结出丰硕的果实分不开。但如果再深入探究一番，怎样才能把高技术人才凝聚到一起，怎样才能调动每一个公司成员的主动性、积极性，怎样才能抓住机遇，大胆创新，怎样才能及时地把技术创新的成果不断扩大，这些都是管理的任务，而英特尔公司的成就是与杰出的管理联系在一起的。

下面，让我们回到管理是科学还是艺术这个问题上来。以一个大公司为例。公司的管理可能有若干层次，现在大体上把管理分为两个层次，这就是高层的管理和基层的管理。公司的管理还可以有另一种分类方法，也就是分为程序化的管理和非程序化的管理，这样就产生了四种组合：

1. 高层的非程序化管理；
2. 高层的程序化管理；
3. 基层的非程序化管理；
4. 基层的程序化管理。

无论是高层的管理还是基层的管理，只要是日常的管理，那么都是一种程序化的、一切按照规章制度的管理。日常的管理不按规章制度来办，公司就没有秩序可言，就会没有效率。程序化的管理是必要的，否则公司无法正常运转。

非程序化的管理要比程序化的管理复杂得多。非程序化的管理同非程序化的决策有关。非程序化的决策既可以看成是非程序化管理的前提，也可以看成是非程序化管理的组成部分。这是指：在主观或客观情况发生突然变化，而又没有固定程序可以遵守的情况下，或者原有的固定程序已经不能再起作用的情况下，必须不按照常规进行决策和管理，或者必须另行制定新的程序并按照它来进行管理。比如说，如果市场剧烈动荡，公司就需要有非程序化的决策与管理。

高层的非程序化的管理尤其复杂。高层管理是最重要的管理，是全局的管理。对于一个公司来说，高层管理所要解决的是关系到整个公司能否在市场竞争中立足，能否成长或会不会被淘汰的问题。假定市场情况能被准确地预见到，而规章制度又被制定得合理，并能被有效地实行，高层的管理也可以是程序化的。然而市场的实际情况却是时时刻刻处在变化之中，预测不一定准确，突发性的事件不在少数，加之，规章制度并非制定得合理，而且即使有合理的规章制度，有时也会因不适合市场情况的变化而显得落后、过时或缺乏机动性。在这种场合，高层的非程序化决策和非程序化管理的重要性便非常突出了。

在非程序化的管理中，公司的高层领导既不能遵照固定的、标准的操作程序，也不能按习惯、常规办事，而主要依靠经验、洞察力、甚至直觉，并由此作出判断。人的创造能力在这里起着重要的作用。高层领导必须根据客观形势的变化，在采取对策时审时度势，运筹得法，掌握火候，恰到好处。这正是管理的艺术性的表现。

可以认为，管理的程序化与非程序化以及高层的管理与基层的管理存在着如下的区别：

程序化的管理赋予管理人员的机动性较小，管理的艺术性往往表现不出来，或较少表现机会。

基层的管理同样地赋予管理人员的机动性较小，按规章制度办事的场合多，因此管理的艺术性也往往表现不出来，或较少表现机会。

非程序化的管理赋予管理人员的机动性较大，管理人员有较多的机会在管理中发挥自己的创造力或灵活处理事务的才能，从而这样的管理有较大的艺术性。

高层的管理同样地赋予管理人员的机动性较大，高层领导有较多的机会在管理中发挥自己的创造力或灵活处理事务的才能，管理的艺术性也就比较明显。

这表明，高层的非程序化管理中的艺术性最为突出，而基层的程序化管理很难表现出管理的艺术性。这是两个极端，介于二者之间的，是基层的非程序化管理与高层的程序化管理。

管理是一门艺术同管理是一门科学，是不矛盾，也不相互排斥的。我们只能说，在什么情况下管理的艺术性表现得比较充分或比较明显，在什么情况下管理的艺术性较少获得表现的机会，但我们不能说，在什么情况下管理是一门科学，在什么情况下管理不是一门科学、而是一门艺术。

管理在任何情况下都是科学，都有自己的规律。非程序化的管理和高层的管理，尽管有较多的机会表现其艺术性的一面，但并不能因此而否定管理是一门科学或管理的科学性。正是从这个意义上说，管理既是科学，又是艺术。

《我看英特尔》一书第五章“管理第一部曲”中有“中西文化整合记”一节，这一节有关华裔人才外流问题的讨论是很有意思的。人才外流，对于公司来讲，显然“不是个好消息”，公司应当及早解决这个问题。英特尔公司是如何寻找对策的呢？它所采取的主要是非程序化的方式，如对中西文化进行比较分析，成立“多重文化整合委员会”，等等。成效当然很好，“大规模人才外流现象，从此在英特尔没有再发生。”这不正可以作为管理艺术性反映的一个例证吗？

类似的例子很多，不胜枚举。在这篇序言的结尾，我只想说这样一句话：英特尔公司的成长史值得国内企业界人士仔细学习，从这里不但可以了解到高科技企业在现代市场经济中应当采取的策略，而且能体会到为什么管理既是科学，又是艺术。

虞有澄著：《我看英特尔：华裔副总裁的现身说法》，三联书店 1995 年版

管理是科学，也是艺术。把这两句话用在超常规决策方面，可能更恰当些。超常规的决策有规律可循，表明管理是科学；超常规的决策有赖于领导人的智慧、才能和经验，有赖于员工们的认同和运作，这表明管理也是艺术。

国有资产商品化：一个新课题

——秦光荣著《国有资产商品化问题探索》序

当前，我国经济体制正在由传统的计划经济体制向社会主义市场经济体制转变，国有制也面临着全面转换自身运行机制与市场经济结合的问题。由于国有经济在我国的规模相当大，分布领域也非常广，对国民经济起着举足轻重的作用，并且多数是计划经济时代的产物，所以，实现我国经济体制根本转变的关键是促使国有企业适应市场，真正成为社会主义市场经济的主体。

秦光荣同志的专著《国有资产商品化问题探索》以搞好搞活社会主义国有经济为目标，探讨公有制的实现形式，研究国有资产的商品属性及市场化运营机制，以期推动国有资产的合理流动和重组，实现国有资产的保值增值，不断巩固和发展社会主义公有制经济。这项研究成果对当前深化我国国有经济体制的改革是很有现实意义的。纵览全书，我认为作者主要做了以下几个方面的工作：

首先，科学地界定了国有资产商品化的内涵，揭示了社会主义市场经济与国有资产商品化的必然联系。作者认为，国有资产同其他商品一样，是劳动产品，物化着人类的一般劳动，具有价值；同时，国有资产也具有使用价值，不仅可满足人们的生产需要，生产出可供消费或使用的产品，而且还可创造出利润，为所有者提供资产增值的收益。正因为如此，国有资产完全可以而且也应该进入资产市场，按一般商品交换原则进行流通和转让，实现其价值和使用价值。作者通过研究还进一步指出，社会主义市场经济是商品经济的发达形式，应该具有完备的市场体系，即不仅要有商品市场，更要有完善的生产要素市场。在生产和经营中，国有资产作为一种集合性的生产要素，如果不能进入市场流动，那么社会主义市场经济体制便无法建立起来。所以，国有资产商品化是建立社会主义市场经济体制的必然要求。作者还认为，在社会主义初级阶段，劳动者个人之间、劳动者所在的企业之间、行业之间、地区之间仍存在着不同的利益要求，于是包括国有资产在内的整个社会资产的流动和转移，便只能按照等价交换的原则来进行。只有这样，才有可能较好地协调和处理社会的利益关系，有效地运营社会资产，促进生产力的发展，发挥社会主义公有制经济的主体作用。显然，作者对社会主义国有资产商品化的主张是基于社会化大生产的要求和社会主义市场经济的规律提出的，完全符合党在社会主义初级阶段的基本路线。

其次，本书提出了国有资产商品化的市场机制，概括了国有资产商品化的基础。既然在市场经济条件下，国有资产要依据商品经济的原则来转移和让渡，那么，如何实现这个商品化原则？作者在分析了国有资产商品化的交易形式，如整体式交易、分割式交易、分期式交易和经营性交易之后，又系统地研究了国有资产商品化的市场机制，认为国有资产商品化的市场机制是特指国有企业产权市场机制，即构成企业产权市场的相互联系、相互制约的各个部分互相联动的运行方式和功能。企业产权市场机制包括企业产权的供求机制、价格机制和竞争机制三大结构，作者对此一一进行了较为系统和深入的分析。由于国有资产商品化市场机制是国有企业产权市场机制，因而实现国有资产商品化便必然要求国有资产产权明晰化，这是一个不可或缺的前提。作者认为，产权明晰是针对产权的内在性质而言的，其内核是产权的行为性，即指产权主体在财产权利的界区内有权做什么、不做什么，有权阻止别人做什么、必须做什么等的性质。只有明确了这个问题，国有资产在运营过程中才能做到责权利统一，才有人对其负责，真正实现保值增值。沿着这个思路，作者又进一步分析了国有资产商品化与国有企业改革即建立现代企业制度的关系。作者认为，现代企业制度的核心是企业法人制度，而企业法人制度的本质性要求是多元主体的资产联营，这就必然要求包括国有企业在内的企业资产实行等价式的交换和重组。所以，国有企业建立现代企业制度是在国有资产商品化的基础上展开的。从以上的分析来看，作者对国有资产商品化问题的研究是颇有独创性的，而且层次清楚、结构完整，达到了较高的理论层次。

再次，本书全面地探讨了市场经济条件下国有资产宏观管理的属性，设计了国有资产商品化宏观管理的组织系统。作者指出，国家对国有资产进行宏观管理，是国家作为所有者的一种行为，是确保所有者利益实现的重要环节；而国有资产商品化的宏观管理又不同于传统的模式，需要达到资产代表人格化、资产配置合理化、资产运营市场化和资产管理法制化的目标。为了实现这个要求，作者对国有资产商品化宏观管理提出四个原则，即统一政策与分级管理原则、产权完整与分权管理原则、二元形态与双重管理原则、二元目标与产出管理原则。在这个基础上，作者设计了由人大国资委、政府国资局、中介机构和国资经营单位共同组成的国有资产商品化宏观管理四层次结构的组织系统。所有这些，都有很强的针对性和可操作性，可为我国国有资产宏观管理体制的改革提供重要的决策参考。需要指出，在人大中设立国有资产委员会，是我多年来一直主张的一种方案。① 本书在这个基础上有进一步的发挥，这就使国有资产管理改革的设计更趋完善。

除了上述几个方面外，作者还理论联系实际，运用国有资产商品化理论，总结了长沙市国有制经济改革的经验，提出了长沙市优化资本结构试点工作的基本思路和措施，并取得了阶段性成果。由此可见，这本书从理论到实践，已初步提出了一个社会主义国有资产商品化的理论构架，有较高的学术价值。

江泽民总书记在党的十五大报告中指出，以公有制为主体、多种所有制经济共同发展，是我国社会主义初级阶段的一项基本经济制度，并强调要以邓小平同志提出的“三个有利于”为标准，“努力寻找能够极大促进生产力发展的公有制实现形式”。在谈到加快国有企业改革问题时，他郑重指出，要“以资本为纽带，通过市场形成具有较强竞争力的跨地区、跨行业、跨所有制和跨国经营的大企业集团。采取改组、联合、兼并、租赁、承包经营和股份合作制、出售等形式，加快放开搞活国有小型企业的步伐”。本书作者提出的国有资产商品化的理论及其战略，对全面落实江泽民总书记报告的精神，摸索理想的公有制实现形式，特别是组建以资本为纽带的国有大企业集团和以产权为中心放开搞活国有小企业，无疑是很有参考价值的。

当然，国有资产商品化是一个崭新的课题，一方面，人们对

---

① 参见厉以宁：《中国经济往何处去》，香港商务印书馆 1989 年版，第 21～22 页。

此尚心存疑虑，有一个进一步解放思想、转变观念的问题，另一方面，作者在本书中对这个问题的探索和研究仍然是初步的，尚待继续完善。我希望人们对这项研究及其成果给予理解、支持和重视，也希望作者坚持邓小平同志提出的“三个有利于”标准，在现有的基础上深入探索，取得新的丰硕成果。

秦光荣：《国有资产商品化问题探索》，湖南人民出版社 1998 年版

国有企业改革的有益经验

——广州市文学艺术界联合会编《集团突围》序

《集团突围——世纪腾飞的广州国企》一书记述了广州国有企业改革的历程。从书中可以清楚地了解到，广州的国企对中国经济发展是有贡献的，广州国企改革的成功经验值得人们重视。

80年代初，中共中央、国务院制定了中国分“三步走”，基本实现现代化的战略目标和战略步骤，经过80年代以来三个五年计划时期的努力，原定到2000年GDP比1980年翻两番的任务已于1995年提前完成。1995年召开的中共十四届五中全会，根据邓小平“三步走”发展战略和中国社会经济发展的实际情况，对社会主义现代化建设做出了新的战略部署，即2000年在全国人口将比1980年增长3亿左右的情况下，实现人均GDP比1980年翻两番，基本消除贫困现象，人民生活达到小康水平，全面完成现代化建设的第二步战略部署，初步建立社会主义市场经济体制，为21世纪中叶实现第三步战略目标奠定坚实的物质基础和经济体制基础。今天，2000年人均GDP比1980年翻了两番，可以说，按照分三步走实现现代化的战略部署，实现了第二步战略目标，从总体上达到了小康水平，而且比原来预定的标准高。

但是，从全国范围看，经济发展是不平衡的，不仅地区发展不平衡，而且不同所有制的企业的发展速度也不一样。以国有企业为例，在近20年内，不少国有企业在发展中经常碰到体制性障碍，产生许多问题，如投资失误、产品滞销、职工下岗、盈利下降，甚至亏损。要解决这些问题，惟有加速改革国有企业体制，真正建立现代企业制度，增强改制后企业的活力，提高企业整体实力与素质。这是建立社会主义市场经济体制的中心环节，也是巩固社会主义制度和发挥社会主义优越性的关键所在。

经过三年努力，到2000年底，就全国范围而言，国有企业的状况已有较大改善，效益明显上升。在这可喜的成果之中，广州工业作出了贡献。在全国总利税中，广东占了1/4，而在广东总利税中，广州又占了1/4，广州国企率先从总体上实现了改革脱困的目标，这是值得总结的。报告文学集《集团突围——世纪腾飞的广州国企》向我们讲述了一个个动人的故事，记录了广州国企通过深化改革、激发经济发展活力、体制创新，成功走出困境的业绩，让我们看到了中国国企改革的强劲势头和发展希望。应该说，广州国有企业原有的基础不是很好，底子也比较薄弱，在传统经济模式与体制束缚下，整体结构比较落后。广东省一半国有企业在广州，而广州757户国有企业及国有控股工业企业曾一度全面亏损，其中列入国家要求脱困的亏损大户有122个，改革包袱最重，脱困任务很艰巨，要在两三年内实现“改革脱困两大任务”，没有勇于改革的决心不行，缺乏改革的办法也不行。这几年内，我曾多次来广州考察，据我所知，广州市委、市政府及企业和员工上下一心，以改革促发展，以发展促脱困，打了几个翻身仗，通过扶持壮大一批，重组发展一批，放开搞活一批，关闭破产一批，全面调整产业结构，转换机制，科技创新，使改革脱困工作取得了明显的效果。在列入国家脱困计划的122户亏损大中型企业中，已有112户脱困；275户大中型国有企业中，已有161户扭亏增盈。

这本书记载了广州本田集团公司如何通过重组，在当年就一举解决了30亿元的负债；广州日报报业集团体制创新、科技创新带来了巨大效益与效应，成为全国第一大报业集团；广州钢铁集团科技领先，展示出崭新风貌；珠江钢琴厂转变机制、放开搞活创造了效益，迈向了国际市场；还有美晨集团、珠江啤酒集团、广州地铁新干线等，都是通过改革、发展而走在前列的典型。

《集团突围——世纪腾飞的广州国企》给我们什么启示呢?

1. 关于政企分开与政府对国企的宏观指导。政企分开与政府对国企的宏观指导，是国企改革向纵深发展的新课题，是关系到国企改革最终能否成功的重要问题。党的十五届四中全会通过的《中共中央关于国有企业改革和发展若干重大问题的决定》，分析了国有企业改革和发展面临的形势，进一步明确了主要目标与指导方针，提出了搞好国有企业的战略性措施。实践证明，政企分开，给企业松绑，政府对国有企业给予宏观指导，是促使国有企业加快走出困境的重要前提，也是国有企业进一步发展的必由之路。政企分开并不是政企截然断开，而是政府制定政策，运用政策，对市场实施有效的调控，促进企业实施有效的资产重组和结构调整，为企业改革和发展创造良好的外部条件。只有这样，政企分开和政府对国企的指导才有保证，才有希望。广州市委、市政府经过三年的艰苦努力，采取一系列措施加大对工业经济结构的调整力度，在以轻型结构为主的基础上，加快发展重工业，使国有企业从整体上快速发展。在宏观指导方面，广州市委、市政府十分注意从类型结构、规模结构、板块结构和产品结构等方面调整、充实、改组、提高，基本形成了一个规模趋向合理、效益稳步增长、运行机制健康的良好的发展局面。

2. 经济体制的转换有赖于现代企业制度的完善与健全，经济体制的先进性又是现代企业制度的保障。建立和完善现代企业制度，是公有制与市场经济相结合的有效途径，也是国有企业改革的方向。现代企业制度的重要内容，就是要对国有大中型企业进行规范的公司制改革，积极探索公有制的多种有效实现形式，发展混合所有制经济，推动股份制改造，完善法人治理结构，特别要注意转换经营机制，加强管理，突出技术进步，实现管理创新、技术创新。

3. 在未来战略目标中，经济体制改革、国企改革都应有更大的突破。中国国民经济发展第十个五年计划对国企改革发展目标提出了更高的要求和更紧迫的任务，要加快转变经营机制，加强企业管理，巩固和扩大国有企业改革和脱困成果，着力培育竞争力强的大型骨干企业，提高国有经济的控制力、影响力和带动力。这方面，广州市委、市政府敢于这样做，而且做得相当出色，比如对一些国有企业实行“卸包袱”的做法，稳妥地分流人员，增加效益；又如通过债转股、上市融资、资产变现等政策，改善企业资产负债结构，使企业能在新的起点上重新迈开步伐。

4. 国有及国有控股工业企业在日益加剧的市场竞争条件下的持续发展，是21世纪中国经济发展中的新课题。以往的改革已经证明国有企业改革的路子正确，公有制与市场经济的结合切实可行。问题是在中国加入世界贸易组织之后的新环境中，面临的困难仍然不少。但可以相信，只要坚持以结构调整作为主线，大力提高企业的竞争力，正确引导企业投资方向，加快企业技术创新的步伐，困难一定可以克服。政府的指导仍然起着不可忽视的作用。政府将集中力量创造良好的市场环境，提高工作效率，完善服务体系，以便更充分地发挥广州的各种优势。

广州国企改革的探索性和实践性都是很强的，不仅在东部沿海地区的国企改革实践中取得了突破性成果，从宏观上也为国企的具体发展增添了有益的经验。尽管这种探索在实践中还遇到一些矛盾与问题，甚至有的国企在改革后依然遇到困难，如难以吸引优秀人才，产品升级换代的过程加速等，但我们一定要牢记，发展始终是主题，发展是硬道理，各种困难与问题都将在社会经济发展中一一得到妥善解决。只要建立了适应未来经济发展的现代企业制度，国有企业全面走出困境就会有很好的条件。

今天，新世纪已经到来，在当前国际经济形势下，国有企业正面临新一轮挑战与机遇。毫无疑问，在党中央领导下，广州国有企业在广东省、广州市直接领导和指导下，会有一个更辉煌的前景。

广州市文学艺术界联合会编：《集团突围》，广州出版社 2001 年版

关于社会市场经济模式

——《德国经济研究丛书》序

德国是当今世界发达国家中仅次于美国、日本的第三强国，是欧洲联盟诸国中首屈一指的经济大国，在全球经济一体化中将拥有越来越重要的地位。德国的社会市场经济体制是若干发达资本主义国家中较成功的经济模式的一种，本身还处于不断发展变化之中，因此，对德国经济体制的认真、仔细和深入研究，对于我们了解世界各国的社会经济现状和发展趋势，真正做到知己知彼，对于我们建设具有中国特色的社会主义市场经济体系，有着极其重要的理论意义。由浙江大学中德管理培训中心主持，中国劳动社会保障出版社出版的《德国经济研究丛书》，将更新我们已有的关于德国经济的认识和了解，促进国内学者对德国经济总体及其个体领域的研究，因此是一项很有意义的工作。

众所周知，联邦德国自 1948 年货币改革以来一直奉行着社会市场经济体制，这一体制是建立在严格的经济学理论和政策构架之上，并在战后经济重建过程中逐渐成形和丰富。战后联邦德国经济的长期稳定发展是与社会市场经济体制不可分离的。联邦德国社会市场经济模式获得了朝野上下的共同认可、支持和执行，其经济体制基本框架和经济指导思想并没有因为政府更迭或其他重大的社会环境变化而改变，这正是联邦德国经济持续稳定发展的重要原因之一。这既应归功于社会市场经济理论体系本身的全面、开放和具体经济政策的较强适用性和适应性，也有赖于政策制定者和执行者对这一理论精髓的深刻把握、认同和对职责与信念的严格恪守；这既是德意志这个崇尚理性和思辨的民族在经济领域的独特表现，也揭示了建立市场经济基本理念与精神基础的重要性。

社会市场经济这一术语首先来自德国经济学家阿尔弗德·缪勒—阿尔马克，他认为，社会市场经济是“一种秩序政策思想，其目标是，在竞争经济的基础上，把自由主动精神同正是通过市场经济成就得到保证的社会进步结合起来”；而将这一理论付诸实施的则是被称为“战后德国经济奇迹之父”的路德维希·艾哈德，他把社会市场经济简洁地归纳为“自由+秩序”。德国经济学家将社会市场经济的基本精神视为一种在尊重个人经济自由、经济主权的基础上，依靠市场机制配置资源，并发挥国家的社会经济职能，以保证社会公正和社会安全的经济和社会制度。

当前我们在建设社会主义市场经济过程中同样也会遇到经济发展与社会稳定、自由与秩序、效率与公平之间的各种矛盾，现实逼迫我们拿出符合中国国情的经济对策来，有关经济学的这些永恒问题的思索也必须在具体的历史条件和社会经济环境背景下得到深化和创新。德国社会市场经济体制较为成功地构建和实现了经济增长与社会公正的可持续发展，这对于现阶段我国经济建设是有借鉴意义的。

联邦德国的社会市场经济体制基本框架和经济指导思想始终如一，但具体的经济政策并非一成不变。经济体制的某些部分也是可以调整的。德国战后的社会经济发展史同时也是社会市场经济政策不断调整的历史，它们至今仍处于不断的调整之中。经济体制基本框架的稳定与经济政策的灵活共同构成了社会市场经济体制的基本特征。20 世纪 80 年代以来，联邦德国经济虽然依靠货币政策继续保持了物价和货币的稳定，但遇到了较低增长率和较高失业率的困扰，社会市场经济体制中的社会保障部分达到了难以为继的程度，这些状况与同时期美国经济的“滞胀”现象既有相似之处，又有许多不同。进入 90 年代以后，随着两德统一和欧洲经济一体化进程的深入，联邦德国社会市场经济体制可能有一些重大调整，许多过去联邦政府的功能将由欧盟来承担，联邦银行的主要中央银行功能将由欧盟中央银行所接管，这就使得成功运行五十余年的德国社会市场经济体制面临新的挑战。这些变化对国内研究欧洲经济的同仁来说很有吸引力。

应该看到，对德国经济历史和现状的细致分析，有助于我们进一步了解发达国家社会经济的发展和相应经济理论和经济政策的演变，尤其是各个主要发达国家发展过程中的差别和特色。西欧各国的政治社会经济状况较为类似，比如大多奉行类似的社会经济政策，只是在发展水平、经济结构和政策法规方面存在较大的差异。欧盟各国许多学者认为，联邦德国的社会市场经济模式对未来欧盟社会经济的管理体制有借鉴意义，欧盟作为全球最大跨国界经济区域，通过内部大市场、统一货币和统一的经济政策等步骤将逐渐发挥越来越显著的经济整合力和竞争力。欧盟经济一体化的经验对于我们建立全国统一的产品、资本、服务和劳动力市场，对于我们构筑合理的中央—地方关系，对于我们制定具有中国特色的宏观经济政策，都有重要的理论意义和政策意义。相信我国学术界会重视这套《德国经济研究丛书》的出版。

本丛书的副主编、《德国劳动力市场与就业政策研究》一书的作者陈凌是我的学生。他在北京大学经济管理系（即北京大学光华管理学院的前身）攻读研究生期间，被派往德国留学，在德国学习六年，获得博士学位，回国后在浙江大学任教。他在北京大学学习时，勤奋好学，成绩优秀。我为他的成长感到高兴，特为本丛书撰写序言。

陈凌：《德国劳动力市场与就业政策研究》，收入《德国经济研究丛书》，中国劳动社会保障出版社2000年版

资产证券化：一项重要的金融创新

——《资产证券化理论与实务全书》序

资产证券化是近三十年来国际金融市场最重要的金融创新之一。简言之，资产证券化是以资产所产生的现金流为支撑，在资本市场上发行证券工具，从而对资产的收益和风险进行分离与重组的一种技术和过程。它作为一种新型的融资工具，是以可预期的稳定现金流量为基石的。

在资产证券化的典型结构中，通常由发起人将预期可获取稳定现金收入的资产组成一个规模可观的“资产池”，然后将这一“资产池”销售给专业操作资产证券化的“特殊目的载体”（SPV，即证券发行人），由该公司以预期现金收入为保证，经过担保机构的担保和评级机构的信用评级后，向投资者发行证券，筹集资金，并将日后收到的现金流给投资者以偿付，从而实现发起人筹到资金、投资人取得回报的目的。

按照不同的分类标准，资产证券化可以被划分为不同的类型，最常用的方法是，根据产生现金流的证券化资产的类型，将资产证券化分为住宅抵押贷款支撑的证券化（Mortage-Backed Securitization，MBS）、资产支撑的证券化（Asset-Backed Securitization，ABS）。MBS以住宅抵押贷款为抵押资产，ABS则以除住宅抵押贷款以外的其他资产为抵押资产。ABS大体上又可以进一步分为：（1）贷款类资产，如商用房产抵押贷款、汽车消费贷款、学生贷款；（2）应收款类资产，如信用卡应收款、贸易应收款、租赁费；（3）基础设施的收费类资产，如路桥收费、水电气供应的收费；（4）知识产权的版税收入，如歌星的出版权和录音权的收入。

资产证券化与我们以前了解的股票、证券投资基金、企业债券和BOT等融资形式不同。这种证券化的资产是金融性资产，这种资产的法律形式基本上是合同权利，如贷款协议的债权、租赁协议的收租权；证券发行人（SPV）是持有金融资产的法人，它不参加生产经营活动，而是专业化的金融资产管理公司。

资产证券化近年来在国际上有很大的发展。在美国，20世纪70年代末产生的MBS是资产证券化的主要产品，它们已成为美国证券市场上举足轻重的组成部分。由于其安全性高和信誉良好，被投资者称为“银边债券”；更由于其发展势头迅猛，已成为发行余额仅次于美国国债的证券工具。仅在1996年，美国的政府国民抵押协会（GNMA）、联邦国民抵押协会（FNMA）和联邦住宅贷款抵押公司（FHLMC）三家政府信用公司发行的抵押贷款证券的市场规模就达到1.7万亿美元，约占住房抵押贷款总额的55%～60%。

资产证券化广受青睐的原因是：作为一种金融创新工具，它所具有的独特优势是传统的金融工具所不可比拟的。可以从以下四方面进行分析：

第一，资产证券化是以资产所产生的现金流为支撑的一种新型融资工具，偿付证券化产品的本金和利息所需要的资金主要来自证券化资产所产生的现金流，因此资产证券化又被称为“自我清偿型”（slef-liquidating）的融资工具。证券化资产所产生的现金流的稳定性、可预见性、信用状况等都直接影响着证券化产品的设计和交易。

第二，资产证券化通过组建“资产池”、信用评级、发行证券等一系列独特的技术处理，可以获得高信用等级融资的便利。由于资产证券化不是以资产原始所有者的信用来融资的，所以对那些信用等级不足以支撑其进行间接或直接融资的企业来说，资产证券化为其开辟了一条新的融资渠道。从这个意义上说，资产证券化对中国正在进行深化改革与资产重组的企业来说，尤其重要。

第三，资产证券化的另一个特点是其融资具有极大的创造性和灵活性，可以根据基础资产所产生的现金流的特点和投资者对风险和收益的不同偏好，对现金流进行分割和重组，从而设计出最能满足市场投资者（尤其是机构投资者）需要的证券化产品，这是其他的融资手段所无法比拟的。

第四，通过对银行信贷资产的证券化，可以将间接融资市场和直接融资市场连接起来，增强银行资产的流动性，解决银行资金来源与运用在期限和利率上不匹配的风险，提高银行的资本充足率，为化解银行不良债权开辟了一条新的途径。从宏观经济上看，银行信贷资产的证券化可以降低金融体系的风险，促进资本市场的健康发展。对当前中国的金融业而言，这也是可供借鉴与采纳的一种有效的运作方式。

国际清算银行曾经根据金融中介功能的类型，将金融创新进行了四种分类：风险（价格风险和信用风险）转移创新、流动性提高创新、信用创造创新和权益增加创新。显然，资产证券化具有这四种之中前三种创新的功能。

总之，根据以上的分析，资产证券化在美国、欧洲等资本市场成熟国家得到迅速发展，完全是顺理成章的事情。在亚洲一些发展中国家，如泰国、马来西亚、菲律宾，资产证券化也受到了重视，并有一定程度的发展。在中国，香港以其MBS的发展在亚洲处领先地位，中国大陆的一些试验也开始崭露头角：例如，1992年三亚地产投资券的试验；1996年珠海以高速公路收费和交通工具注册费为支撑并为美国资本市场担保公司提供AAA级信用增级向海外发行的债券；1997年中国远洋运输总公司以其北美和欧洲航运的未来收入支撑并分别由美国资本市场担保公司和MBIA担保公司提供AAA信用增级的证券化；1998年豪升ABS（中国）控股公司与重庆市政府合作开发ABS的合作；1999年深圳市政府筹划开展MBS的试验；最近，四家国有商业银行的金融资产管理公司成立并将资产证券化正式列入营业范围……这些试验都预示着中国金融证券业将会出现一个资产证券化的热潮。

理论研究与实践相互促进。经济中的试验推动着理论界的积极探讨，理论界的研究成果加快了资产证券化的试验进程。近两年来，关于中国开展资产证券化的思路的讨论十分活跃。对资产证券化在中国的应用目前主要有以下这些观点或思路：

1. 资产证券化特别是MBS在中国的应用，可以活跃中国住房金融的发展，推动住房需求的提高和房地产抵押贷款的增加。这种观点或思路有时被简称为“住宅互动模式”。

2. 资产证券化特别是ABS中公用设施收费的证券化，可以采取境外设立SPV的方法筹集外资，从而推动中国基础设施的发展，拉动投资需求。这种观点或思路有时被简称为“国际合作模式”。

3. 资产证券化可由信托投资公司改制为SPV，试行MBS，并实现二者互相推动的作用。这种观点或思路有时被简称为“信托改制模式”。

4. 资产证券化可由国家开发银行与地方政府合作，以政策性信贷资产为支撑发行金融债券。这种观点或思路有时被简称为“开发银行模式”。

5. 资产证券化可通过成立住房抵押贷款管理公司，购买抵押贷款，再申请上市集资，实现SPV与MBS的互动发展。这种观点或思路有时被简称为“公司上市模式”。

6. 资产证券化可通过成立专项投资基金购买信贷资产，再申请上市交易，实现投资基金与银行资产的互相促进。这种观点或思路有时被简称为“投资基金模式”。

7. 资产证券化可通过国有商业银行的资产管理公司，购买银行的不良债权，进行债务重组、超额担保和债转股等手段，发行以未来收益为支撑的债券，解决银行不良债权的问题。这种观点或思路有时被简称为“不良债权模式”。

以上这些观点或思路的提出，反映了当前中国理论界与实践界对资产证券化的浓厚兴趣。在这种形势下，由豪升ABS（中国）控股有限公司和北京大学经济研究所合作编写的《资产证券化理论与实务全书》一书的出版，可谓正逢其时。

《资产证券化理论与实务全书》规模宏大，研究全面。全书约120万字，分六篇二十八章，囊括了基本原理、法律、税收与会计制度、市场基础、信用增级与信用评级手段、操作技巧、各种产品等内容。它不仅重点总结了资产证券化最发达的美国的惯用做法，而且总结了亚洲新兴市场上资产证券化的经验教训；它不仅有理论分析，而且辅以大量的案例分析。我认为，不管是理论工作者，还是实际工作者，以至财经专业、工商管理专业学生，都可以从该书的内容中撷取所需。

本书是两家机构近两年来合作研究的结晶。研究人员广泛涉猎了国外的各种文献和国内的所有讨论，他们不仅参加各种国际研讨会，集思广益，而且在豪升专业人员指导下多次召开小范围讨论会，反复推敲全书的结构标题、某些观点的表述甚至每个名词的译法等等。书中的主要内容也在北京大学经济学院、光华管理学院研究生课程和本科高年级课程中多次讲授，并在校园内组织讨论，还对一些金融机构人员进行过培训。在充分讨论的基础上，写作小组几易其稿，使书中的概念和观点更趋清晰，文字更臻精确。可以说，本书是国内迄今为止同一课题研究中的上乘之作。

本书的推出也是“产学研”合作的成功典范。两家机构都在研究中发挥所长：豪升 ABS（中国）控股有限公司是香港第一家专门从事资产证券化的公司，拥有证券化理论和实践经验兼备的专业人员，近年来在大陆为推广资产证券化业务而历尽艰辛，积累了丰富的操作经验；北京大学经济研究所拥有一批在学术界崭露头角的中青年教授、副教授，他们不仅在理论研究上先行一步，且在实践操作中经受锻炼，在资产证券化领域已推出一系列论文和报告。这两家机构合作推出《资产证券化理论与实务全书》这本巨著，为社会提供了一本有价值的参考书，可喜可贺。我尤其高兴地看到，研究小组的中坚力量不乏北京大学培养出来的年轻学者，他们在学术研究和实践操作中积极进取，显露出出色的理论素质和实践技巧，预示着未来大有前途。

本书主编成之德先生是一位在国际金融市场工作多年，对资产证券化很有研究和经验丰富的专家，他自 1995 年开始与美国资本市场担保公司和亚洲担保公司携手在中国推广信用增级技术和 ABS 业务。本书副主编盛宇明和何小锋都是我的学生，自北京大学毕业后在金融方面从事研究也已十多年。应他们三位的邀请，我欣然为本书写序，希望本书的出版能引起理论界与实践界的关注。

成之德主编，盛宇明、何小锋副主编：《资产证券化理论与实务全书》，中国言实出版社 2000 年版

“大”与“小”的辩证

——范棣、曹建伟著《长大》序

这本书的书名叫做《长大》，仅凭这个书名就够吸引人了。

三十年前，英国经济学家舒马赫出版了一本书《小的是美好的》，立即引起了英国学术界和经济界的注意。舒马赫的一个重要观点是：经济学的不足之处在于过分强调经济规模的意义或经济计量的意义，而忽视了超经济学的研究，不了解经济学中计算方法的适用性是有限的，因此，规模大不一定优于规模小，大的不一定美好。“小的是美好的”即由此而来。

舒马赫举了一些例子来证实自己的观点。比如说，大公司由于规模庞大，效率下降，不如小公司那么灵活、有效，所以小公司的数目不断增多，不少小公司办得红红火火。又如，大城市带来了一系列管理方面的难题，住在大城市里的居民未必舒适，而规模小一些的城市反而能给居民提供较高的生活质量。再如，技术并不是越先进越好，先进的技术成本高，而且会减少就业人数，相形之下，中间技术（介于先进技术和落后技术之间的技术）可能更加适用于发展中国家。舒马赫甚至还以国家为例，他说，世界上最繁荣的国家大多数是小国，而人口众多的大国多数是穷国。在20世纪70年代前期的形势下，舒马赫提出了“小的是美好的”这一论断，显然是同当时的主流经济思想不一样的，因此既受到一些人的批评，又博得了一些人的赞赏。

从1973年该书出版到现在，整整30年了。根据这些年来世界各国经济发展的经验，人们逐渐认识到，舒马赫的观点是有局限性的，而且局限性在一些国家还表现得比较明显。问题看来不在于“大”或“小”，而在于“什么样的大”和“什么样的小”，以及“怎样由小变大”或者“怎样由大变小”。问题还在于：为什么要“大”？为什么要“小”？这里姑且不谈城市、国家规模的大小，也不谈技术的先进程度，即以公司规模来说，“大”有大的好处，“小”也有小的优点。公司由“小”变“大”，是为了舍弃“小”的不利之处，获得“大”的好处。但不是任何一种“大”都有好处。为了“大”而“大”，机构臃肿，分支机构庞杂，人员效率降低，决策迟缓，指挥不灵等等，不但得不到“大”之利，反而深受其害。这才是舒马赫所指责的情况。假定不是这种情况呢？假定公司是通过一步步发展，脚踏实地，效率日增而“长大”的，或者，假定公司是通过有效的资产重组而使资本利用率上升，使规模效益提高，从而“长大”起来的，那么舒马赫的观点不就经不起实践的检验了吗？

可见，关键的确不在“大”还是“小”，而在于公司的持久竞争力由于公司规模的调整，究竟是增强了还是变弱了。“小”的可能是“美好的”，也可能是“不妙的”；“大”的可能是“糟糕的”，也可能是“有强大竞争力的”。一切要从具体的公司状况做出判断。

范棣、曹建伟二人的新著《长大》，就公司规模问题提出了自己的见解。他们首先揭示一种现象：照理说，企业长大是企业家追寻的目标，但为什么在中国的众多企业中，许多是长不大的企业呢？小企业长不大，中等企业长不大，甚至有些大企业也没有办法继续长大，原因何在？看来，企业成长的困难是值得研究的。他们在企业成长的案例分析的基础上，把企业长大过程中的问题集中为五个方面，即企业长大的精神，企业长大的行动，企业长大的外力，企业长大的文化，以及企业长大的戒条。由于作者长期在企业中工作，了解市场，了解企业竞争力上升下降的原因，也了解企业成长的不易，所以这本书很适合目前从事企业工作和即将投身企业工作的人的需要。

范棣在中国人民银行总行金融研究生部攻读硕士学位时，我是他们班的三门课的主讲教员，当时就发现他是一个爱动脑筋而又勤奋好学的学生。果然不出所料，在20世纪80年代中期，他在国内学术界就已初露头角了。稍后（1987年），他考取了北京大学的博士生，导师就是我。他是当年报考我的博士生的众多考生惟一录取的一个。后来他去美国留学，在那里获得了博士学位。学成回国创业，是他成长中的又一个阶段。在他的领导下，“招商迪辰”已经成为一个拥有几家上市公司的科技企业集团。这本著作反映了他这些年来的思索和实践。我很高兴为这本书撰写序言。

最后，也许某些读者会问我：今天你究竟怎样评价舒马赫《小的是美好的》这部名著？规模大好还是规模小好，这个问题我在前面已经讲过了。我的看法是：不可一概而论。公司是否应当争取“做大些”，我认为需要从公司目标来考察。大或小，不是目标本身。在市场经济条件下，实现利润最大化才是公司目标。规模调整必须同公司这一目标相适应。关于这一点，前面也把道理讲清楚了。现在我感到可以从舒马赫提出超经济学分析的角度来对舒马赫的观点做一评价。舒马赫对主流经济学的怀疑和批评，固然有偏激和感情用事之处，但不管怎么说，舒马赫有关超经济学的分析是有价值的，也是有启发性的。对公司的成长或公司的“做大”，除了要从经济上进行分析外，是不是还应该跨越经济分析，从文化上、人际关系上、甚至人同环境的关系上作一些超经济的分析呢？

我相信，范棣、曹建伟一定考虑到这些了，因为他们已把“长大企业的文化塑造”纳入了自己的研究范围。

范棣、曹建伟：《长大》，中信出版社2003年版

自勉和自信

——吴杰著《我在香港的二十五年》序

一个人，年纪越来越大，回忆必定越来越多。回忆，总是美好的，哪怕以往的经历充满了挫折和辛酸，但在回忆时，仍会使自己感到安慰，甚至庆幸，因为这会自然而然地使他想起：“我总算走过来了，挺过来了，熬过来了。”相信吴杰和张乐珠夫妇一定也会有类似的感觉吧！

吴杰在国内读大学时，用的名字是吴自栋，后来去了香港才改名为吴杰。他们夫妇两人和我在北京大学经济系是同班同学，我们都于1951年入学。大学一年级时，北京大学还在城里沙滩，男生住在北河沿北大三院，女生住在沙滩校园内的灰楼。我和吴杰恰好在一个宿舍里，还同一个房间。当时，我们男生每天一清早就从三院步行到沙滩去上课，早餐、午餐、晚餐都在沙滩校园内，晚间才回到三院宿舍。由于吴杰和我同宿舍，所以从三院到沙滩的途中，我们经常做伴，边走边聊天。大学二年级时，学校迁到西郊燕园，我们仍然住在一个宿舍里。那时每学年调整一次学生宿舍。二年级时，我们同住在“全斋”，三年级时住在十三斋，四年级时住在十九楼

(因为这时把斋都改为“楼”了)。尽管我和吴杰住在一个宿舍里，一起上课，但闲暇时的相聚却少得多了，原因很简单：他有了女朋友，这就是我们的同班同学张乐珠。张乐珠性格开朗，心直口快，在当时的政治气候下，少不了受到一些冲击，毕业时的分配显然受了影响，工作岗位就不是那么如意了。

大学毕业后，我们几乎失去了联系。他们夫妇都在北京市工作。他们结婚后住在城里。我留在北京大学资料室工作。从这时起，政治运动不断，我的处境很不好，多次下乡劳动，挨批斗，“文化大革命”中更是被关进了监改大院，何苦去找老同学呢?岂不是给别人找麻烦?“文化大革命”结束后，听说他们夫妇到香港定居了，详情不得而知。1986 年冬和 1988 年冬，我先后应香港中文大学和香港大学之邀，去那里讲学，这时才有机会同他们重聚，并把妻子何玉春介绍给他们。他们住在九龙西贡区，吴杰开车把我们夫妇接到他们家中，在楼顶上吃烧烤。这时我们都是五十多岁的人了，儿女都已大学毕业。但一谈起三十多年前的大学生活时，彼此既有“往事如梦”的感觉，又有“盼到来年更胜今”的心情。

吴杰一家在香港是怎样艰苦谋生和创业的，我知道得不多，正如他们不了解我在这些年的遭遇一样。相晤交谈时，大家都不去触动以往经历中不愿多谈的那些旧人旧事，更多的是说说现在，猜猜将来。只有在读了吴杰这本新著《我在香港的二十五年》后，我才对他们去香港后的情况了解得多了一些。吴杰希望我能替他这本书写一篇序言，这是义不容辞的。写些什么呢?我想这本书所讲述的内容，对于年轻人应当说很有帮助。不要单纯把这本书看成是某个人的一部回忆录，更重要的是要从这里领会到这样一点：自律和自勉。这对任何一个在创业道路上前进的人，都是必不可少的。

自律，就是自我约束，严于律己。自律，说起来容易，实际上并不容易，因为，一要拒绝诱惑，二要顶住压力，包括上面来的压力和周围环境的压力，压力可能是有形的，也可能是无形的。比如说，上面来的压力，也许是一种暗示。但暗示同样是压力，尽管它是无形的。又如，周围人们已经形成的一种旧习惯、旧观念，这也是无形的压力。你想不随波逐流，不人云亦云，那就必须有勇气，有毅力。这依旧是严格要求自己的表现。

自勉，就是自我激励。惰性往往是阻挠前进的阻力。能不能摆脱惰性的牵制，经常成为一个人取得突破性进展的第一道关口。不仅如此，一个人在工作中或前进的道路上遇到挫折时会不会气馁，会不会颓丧，会不会就此心灰意懒，这都取决于能不能振奋起来，不停地拼搏，以及能不能信心充沛，继续闯关。这都依靠自我激励。当然，周围的人的鼓励同样起着重要作用。一个人在濒临绝望时得到别人的一番鼓励，固然重要，但没有自我激励，仅靠别人的鼓励而自己不振作，缺乏自勉，又能有多大的作用呢？自勉带来自信，自信促进自勉，自勉同自信总是结合在一起的。

一个人要是严于律己，又能不断自我激励，那就不管什么情形，处于逆境也好，处于顺境也好，都能在工作中取得新的成就，都能在创业的道路上前进。吴杰在1976年到香港时，从最低级的打工者做起，经历了不少磨炼，终于成为一位有成就的高级经理人，这不正靠的是自律、自勉和自信吗？要知道他刚到香港时，论年龄，已经45岁了。尽管他有北京大学经济系的学历，又有国内机关工作多年的经历，但对于在香港寻找合适工作的中年人来说，一切都需要从头开始，没有信心，没有自我激励，能不失望吗？《我在香港的二十五年》这本书说明了这一点。

祝愿我的老同学吴杰、张乐珠和他们的子女们幸福美满，事事如意。

吴杰：《我在香港的二十五年》，珠海出版社2004年版

运用之妙，存乎一心

——潘燊昌著《听老板的就错了》序

宋朝对辽、金作战，讲究布阵，而阵图往往是事前拟好的，有些还直接出自中枢，将帅必须按阵布防，不得违背。至于阵图是不是适合疆场的地理人文状况，那就不知道了。这样一种作战方式，怎能不打败仗？而岳飞用兵，却打破了宋朝的常规。他说：“阵而后战，兵法之常，运用之妙，存乎一心”。战场情况千变万化，地理人文因乡因县而异，不从实际出发，不采取灵活机动的作战方式，必然处处被动，时时受制于敌。岳飞正因为突破了按阵图布防和出击的常规，才能屡建战功。我想，这对于商场上的竞争，对于公司的经营管理，同样是适用的。不久前，仔细读了著名企业家、ING安泰人寿总裁潘燊昌先生口述的《听老板的就错了》书稿，我加深了对“运用之妙，存乎一心”这句至理名言的领会。

潘燊昌先生提出了他自己的“三C”哲学。“三C”就是：把Change（变动）视为Challenge（挑战），反而有Chance（机会）开创出新的局面。这实际上就是化被动为主动的道理。古往今来，无论是战场上还是商场上，无论是政府的治理还是公司的经营，凡是能从容应对危机，把劣势变为优势的，都离不开“变动—挑战—机会”的转化，这也正是潘先生所说的“危机就是转机”。他在书里列举了不少例证，读来引人入胜，对于EMBA和MBA学员、大学和专科学生，以及一切从事公司经营管理的人，都很有启示。早在1970年，美国一位企业家伊利·戈尔德斯顿在读到著名经济学家加尔布雷思（J. K. Galbraith）的新著后，就在《美国经济评论》（1970年5月）上撰文对加尔布雷思进行挖苦。他说，你们这些经济学家好比是鱼类学专家，总是站在珊瑚礁上，从水面上往下看鱼群的游动，品评一番，而我们这些企业家好比是鱼，我们在水里看到周围鱼群的游动，看他们是怎样谋求生存的，从水里看鱼群游动和从水面上看鱼群的游动完全不一样。这段嘲讽很有意思。潘先生是企业家，他对商场的了解，对公司经营管理的心得体会，正同鱼在水里观察四周一样，有自己的独到之处，的确要胜过经济学家许多。何况，公司经营管理中的奥秘和制胜之道，更不是讲坛上的经济学教授所能了解的。潘先生是全香港第一位通过英国精算师资格考试的香港居民，精算是他的本行。用他自己的话说：“要学会糊涂”，“成天与‘数字’交往，只要算得精就可以了。但在与业务员的相处过程中，我学到很多‘做人’的道理”。作为精算师，要算得精确；作为企业家，又要学会糊涂。这难道不正是“运用之妙，存乎一心”的体现吗？学识渊博的经济学家中间，有多少人能真正懂得这一点？

使我最感兴趣的是书中有关法家、儒家、道家的管理哲学的阐发。他的观点和我不谋而合。我在所著《超越市场与超越政府：论道德力量在经济中的作用》（经济科学出版社1999年版）中曾这样写道：“法治的出发点是‘人性恶’，德治的出发点是‘人性善’；由于法治从‘性恶’出发，所以强调的是告诫，是处罚，非如此不足以使社会安定、有序，所以要贯彻有法可依，有法必依，执法必严，违法必究的原则；由于德治从‘性善’出发，所以强调的是道德感染与教化，是循循诱导，诲人不倦，从而不仅可以使社会安定、有序，而且可以使每个社会成员都成为道德高尚的人”（第251~252页）。儒家主张德治，法家主张法治，二者尽管侧重点不同，但不一定是相互排斥的，大到社会的治理，小到公司的治理，对不同层次、不同工作岗位的人有不同的对待方式。潘先生在他的著作中，对儒家的管理哲学和法家的管理哲学在公司内部的运用，讲得十分透彻：一方面有奖有罚，严格执行规章制度；另一方面采用“人性化”的管理，以身作则，以德服人，发挥团队精神。不能否认，这些正表明在公司内部德治与法治兼用的必要性。

至于道家的管理哲学，我和潘先生各自从不同的角度来领会和阐发。我在北京大学光华管理学院开设的《管理制度和管理哲学》课程中，是这样讲授的：“道家管理哲学的要点，是尊重客观规律，顺应客观规律，不做任何违背客观规律的事情。凡事都要站得高些，看得远些，待人要宽厚，缓流总比急流宽，这样，处理大事时就总会留有余地”。潘先生在书中则写道：“世事变化无常，很多事情成功与否要看时机，所谓‘天时、地利、人和，缺一不可’。决策者只能尽力而为，制胜关键在于能否让公司的优势和环境的大趋势巧妙配合。有时要比流行领先一步，有时要和市场逆势而为，好像黑里有白，白里有黑，可能今年亏损，明年就翻身”。他还说：“了解到公司赚钱时不必太快乐，反之也不用太悲伤，有时候看开了，反而能看得更清楚”。从这里可以清楚地看到，他把道家的管理哲学运用到公司的经营管理时，结合自己的经营理念，谈出了独到的见解。这些都有助于读者通过本书进一步了解他和他所领导的公司取得成就不是偶然的。

尤其需要介绍给读者的，是潘先生的下面这两段话。他说："落到管理的现实面时，法、儒、道三家的管理方法，不一定要分得那么清楚"，"因时因地而制宜，有时候法家色彩多一些，有时候儒家精神强一些，有时候则是道家的味道浓一些。但总括来说，越是基层的管理，法家方法的比例越重；层级越往上，道家的比例就越重，而我最向往的，则是道家的'无为而治'"。这两段话十分精辟，无疑是潘先生长期在公司工作的体会的总结，希望每一位阅读本书的人不要对这两段话一瞥而过。当读者读到这两段话的时候，不妨合上书本，先静思一番，再往下读。道家的"无为而治"，究竟意味着什么？用潘先生的话说，就是寓"管理于无形之中"，这也许就是管理的最高境界吧！

我作为北京大学光华管理学院的院长，有幸请到潘先生来光华管理学院演讲。他在光华管理学院的讲坛上发表演说时，生动的语言，风趣的用词，深刻的内容，使学生们受益颇多，掌声不绝。我在会议结束时说，欢迎潘先生以后常来。可惜因他事务繁忙，不能像我所希望的那样常到光华管理学院和同学见面。现在，这本代表他的经营管理思想的《听老板的就错了》一书在大陆出版了，我会对光华管理学院的学生们说，快去认真读一读这本书，从这里不仅可以学到新的知识，还能学到方法，不仅可以开阔视野，还有助于建立新的理念。建立新的经营管理理念，对21世纪的企业工作者来说，是必不可少的。

潘燊昌：《听老板的就错了》，知识出版社2003年版

超常规实际上也是有规律可循的

——《胆大包天:安泰百变 CEO 潘燊昌传奇》序

潘燊昌先生请我为这本书撰写一篇序言，我答允了。当文汇出版社把书稿交到我手里时打开一看，标题是《胆大包天》，让我吃了一惊。怎么采用这样一个书名？据说书名是潘燊昌先生自己起的。仔细读下去，逐渐领会到，书名用得不错。胆大包天，说的是一家公司是怎样超常规发展起来的，而在超常规发展过程中，作为公司的 CEO，潘先生是怎样用超常规的理念和超常规的方法来处理某些问题的。用潘先生自己的话来说：“不对现在感到自满、总是不安分地寻求更高挑战、机会来临时不犹豫，这些特质是我最珍贵的财产”。他还总结为九个字：不规划，不安分，不犹豫。我想，没有比这九个字更能概括出公司管理和业务开拓的超常规性质了。

以前，我曾在研究宏观经济时讨论过超常规发展问题。我写道："'超常规发展'与所谓'经济过热'并不是一回事"。[1]"我们不能离开经济效益而谈什么'超常规发展'，也不能脱离市场需求与市场供给而谈什么'超常规发展'。'超常规发展'作为一种发展思路，始终把效益与市场考虑在内。"[2]因此，我是肯定超常规发展的。我始终认为，"问题不在于某个地区该不该'超常规发展'，而在于怎样实现'超常规发展'，怎样把'超常规发展'纳入市场经济的轨道"。[3]

以前，我也曾探讨过超常规发展及其产生的源泉问题。我写道："效率增长是有潜力的。效率增长潜力的发挥，主要依靠效率的道德基石的存在，依靠道德力量的作用"。[4] 我还指出，尽管效率的任何增长总是离不开物质技术条件，"但要知道，假定没有道德力量、信念、信仰等等在这些场合发生巨大的作用，依靠物质技术条件，人们仍然只能生产常规的效率，就不可能产生超常规的效率"。[5]

然而，迄今为止，我还不曾研究过公司领域内的超常规治理、超常规发展和超常规效率的产生问题。潘先生的这本书之所以引起我的兴趣，以及为什么我在阅读之后乐于撰写序言，正因为这是一个以前我不曾涉及的领域，我不但从书中学习到不少东西，更重要的是它给了我许多启示。这里只举一个例子，就是1999年9月21日台湾发生了大地震，给台湾地区造成了空前灾害，两天之间，潘先生作为安泰人寿的CEO，决定成立"921安泰抚育基金"，认养在地震中失去家长的全部孤儿，不管这些家庭是不是安泰人寿的保户，直到他们20岁成年。潘先生作出这

①②③ 厉以宁：《超常规发展的可行性》，载厉以宁著：《面对改革之路》，中国发展出版社1999年版，第232页，第233页。

④⑤ 厉以宁：《超越市场与超越政府》，经济科学出版社1999年版，第80页，第81页。

项重大决策，竟然事前不向国外总公司报告。这真是一个超常规的决策和超常规的行为，用 ING 安泰人寿顾问、台湾达一广告公司董事长徐一鸣先生的话来说，这一决策“最符合《胆大包天》的书名”。然而，这个超常规的行为却让安泰人寿在台湾的声望达到了顶点。潘先生也在第二年（2000 年）成为第一个赢得亚洲保险业“年度风云人物”的华人。

无论是宏观经济中的超常规发展还是公司业务中的超常规行为，实际上都是有规律可循的。它们并不是头脑一热就突发的奇想，更不是随心所欲的产物。潘先生在本书中对此有一个十分精辟的说明，值得大家回味。他说：“不打不会赢的仗”。虽然只有短短七个字，却包含了无穷无尽的意外之意。超常规，不正是为了打赢一场仗吗？为此就必须事先有周密的考虑，要知己知彼，然后才能使自己立于不败之地。这就是尊重客观规律、遵循客观规律的表现。潘先生在事业上的成功，既同他的超常规决策和超常规行为有关，也同他循规律而行的深思熟虑有关。也许，后一点更为重要，因为他深深懂得：不打则已，一打必胜，关键在于事先的考虑是否周密。

不妨再做进一步分析。公司的任何决策，只有在员工们的共同努力之下才能实现。超常规的决策，更有待于员工们的努力参与。这同样反映了超常规决策之所以取得成功的一种规律。违背了这个规律，不管超常规决策事先设计得多么完善，最终还是实现不了。读完这本书的读者对此一定会有深刻的体会。我在这里只摘引两段文字，作为佐证。

1. 潘先生常说：“相互信任，企业就成功了一半”。这的确是一句至理名言。书中写道：“潘燊昌很了解人性，认为信任是互相付出的良性循环，如果员工知道自己没有得到老板的信任，就不会想付出自己的创意；老板看到这样的结果，也不会反省是因为自己不信任造成的，反而更加深‘员工都是懒惰且不值得信任'的想法。"这清楚地告诉我们，员工对公司的认同，公司同员工之间的互信，正是公司超常规决策实现过程中不可缺少的条件。

2. 广大员工不仅要为公司决策的实现而努力工作，还要为公司的经营多动脑筋，多出主意，使公司决策更好地付诸实践，创造更好的业绩。这同样是超常规决策得以实现的条件。书中有这样一段论述：在潘先生看来，管理不只是盯着员工、斤斤计较他们的上班时间，或是考虑他们的执行进度；需要员工贡献的，"是他的智慧不是他的时间"。潘先生的又一句名言说："上班时间不代表员工的贡献"。

从这里我们可以再一次认识到，超常规确有规律可循。没有一支可信任的、可依靠的员工队伍，没有大批既贡献了精力又贡献了智慧的员工，哪里会有超常规的业绩呢?

市场竞争中，企业总是有起有落，有兴有衰。当一家公司以超常规的决策而战胜竞争对手，取得市场较大份额或赢得更多的客户之后，应当怎样对待取得的成绩呢?潘先生依旧用超常规的方式来处理。为什么说是超常规的方式?这是因为，按照常规的做法，应是欢庆，是借机大肆宣传，以壮大声势，求得更大的发展，而潘先生的做法则是低调、低调、再低调。他说："我不会用别人的不幸来宣传自己"。他决定保持缄默。这被看作是"商业行为不能弃守的道德底线"。安泰人寿在1999年9·21大地震后立即成立孤儿抚育基金，并在台湾保险业获得较大声誉一事，后来一直被潘先生低调处理。大地震事件本身是社会的不幸，不少失去家长的孤儿有待救济是这些家庭的不幸，其他保险公司在这场竞争中，因没有考虑过类似的善举而逊色于安泰人寿，这又是它们的不幸。因此，潘先生绝对不再提起这件事。甚至在公司内部的报告中，他也吩咐下面的主管，只一带而过，不谈细节。这种低调的超常规方式起初不被某些人理解，但隔了几年，再回头看看，许多人不得不佩服潘先生站得高，看得远，想得细。

过去我不止一次讲过，管理是科学，也是艺术。把这两句话用在超常规决策方面，可能更恰当些。超常规的决策有规律可循，表明管理是科学；超常规的决策有赖于领导人的智慧、才能和经验，有赖于员工们的认同和运作，这表明管理也是艺术。读了有关潘先生的几本书，包括《赢得好险》、《听老板的就错了》和这本《胆大包天》，我相信读者一定会对这两句话有更深的体会。

《胆大包天：安泰百变 CEO 潘燊昌传奇》，文汇出版社 2004 年版

卢作孚先生的创业精神

——《卢作孚文集》序

一

卢作孚先生的事迹以及他一手创建的民生公司的成就，我在抗日战争时期就已有所耳闻。当时，雅礼中学由长沙迁至湘西沅陵，我是雅礼中学初中部的学生。抗战胜利后，我转学到南京金陵中学读高中，同班同学卢国纶是卢作孚先生的三儿子；我们都是寄宿生，住在金陵中学的“口字楼”三楼，卢国纶就在我隔壁的房间里，朝夕相处，时间长达两年半，直到高中毕业。从他那里，我对卢作孚先生的持家、为人、尤其是创业精神，又有了较深入的了解。高中毕业迄今整整五十年，不久前卢国纶来京与我相晤，我们都老了。

卢作孚先生的长子卢国维的长女卢晓蓉，也就是卢作孚先生的长孙女，在北大维信生物科技有限公司工作多年，其丈夫严家炎是北大中文系的教授，女儿严言是北大光华管理学院毕业生，受教于我。加之，我同严家炎教授一家十多年来都住在北京大学中关园宿舍，往来甚密。因此，当北京大学出版社准备出版《卢作孚文集》，总编辑温儒敏教授和本书主编、四川大学凌耀伦教授请我为《卢作孚文集》撰写一篇序言时，我是慨然应允的。这不仅出于我对这位长者的敬慕，而且也是出于我同卢国维、卢国纶、严家炎和卢晓蓉的友谊。

序言里写些什么呢？我想从卢作孚先生的创业精神谈起。

二

多年以来，经济学界在经济发展的研究中，逐渐取得了大体上一致的看法，这就是：经济发展不仅要靠投资，靠技术，靠各种必须的物质资源，而且要靠一种精神，可以把这种精神称作创业精神或企业家精神。甚至可以认为创业精神比物质资产更加重要。一场战争、一场特大的自然灾害，社会上的物质资产可能遭到严重的破坏，但只要创造物质财富的创业精神依然存在，那么很快就会有新的物质资产来代替被破坏的物质资产。如果社会所失去的是创业精神，那么已有的物质财富会逐渐耗竭，社会将陷于衰退之中。

一些发展中国家的经济发展史也证实了这一点。这些国家在经济发展之初，缺少投资，缺少技术，缺少一些发展经济所必须的物质资源，这些都是事实。但资本不足，可以从外部引入。技术不足，可以向国外购买先进的装备，可以聘请国外的技术专家。物质资源不足，可以进口，也可以尽量在国内发掘新的资源。即使如此，经济仍然难以顺利地发展起来，因为在这些国家通常还缺少一种最重要的资源或最宝贵的财富，即创业精神。创业精神体现于本国国民的身上，特别是体现于本国一些组织经济活动的人的身上，这是无法从国外引进的，因为能够从国外引进的是资本、技术和人才，而并非体现于本国国民身上的创业精神。缺少创业精神，经济的发展将遇到困难，经济更难以超常规的态势大步前进。

能有效地组织经济活动的人，在经济学文献中，又被称作企业家。企业家并非一种职务，而是一种素质、一种才能。有创业精神并且有组织经济活动的能力的人才符合作为企业家的条件。所以创业精神和企业家精神实际上是同义语。然而，在经济中经常会看到，同是组织经济活动的人，为什么在某些人身上这种创业精神表现得比较突出、比较明显，而在另一些人身上却没有表现出来或表现得不明显呢？同是组织经济活动的人，其中有创业精神的，经济活动可以组织得很好，有业绩，有特色，而没有创业精神的，经济活动则无声无色，甚至最终使经济活动衰败下去。差别的原因何在？这确实是值得探讨的问题。

创业精神在不同的人身上，尤其是在不同的组织经济活动的人身上，之所以有差别，原因之一在于对客观经济的现状，包括对个人的处境，是否满足。满足于客观经济现状与个人处境的人，不容易产生不断进取的精神、创业精神。只有不满足于客观经济现状与个人的处境，才会涌现不断进取的精神，才会产生创业的愿望，也才会求变革，求发展。满足所带来的，不可能是创业，至多不过是守成而已。对一个发展中国家的国民或经济活动的组织者来说，对客观经济现状的不满，还反映了社会责任感的作用。发展中国家就是经济学中所说的不发达国家或欠发达国家，它们同世界上先进国家的差距是客观存在的。因此，发展中国家的一些关心国家命运与社会前途的人，出于对国家与社会的责任感，有力求改变现状的愿望，这种愿望必然转化为变革的思想、创业的精神。创业不是简单地改变个人的处境，或使得个人的事业有所成就，创业是同国家的振兴、国民经济的腾飞联系在一起的。只有了解了这些，才能对发展中国家的经济发展问题有比较深入的认识。

卢作孚先生正是这样一位有高度创业精神的企业家。1925年10月，当他筹建民生公司时，四川政局混乱，经济凋敝，民不聊生。他本着实业救国和造福乡里的热忱，奔走于成都、重庆、上海之间，为川江航运业的发展而煞费苦心。1937年抗日战争爆发后，他竭尽全力集中全部可用船只，抢运人员与物资进川。这一非常时期的非常行动，植根于他对国家命运的关心。卢作孚先生的创业精神同他的爱国主义思想是紧密地结合在一起的。

卢作孚先生逝世已经46年了，但他当年的创业精神将永远留在人们心中。

三

效率问题是经济界最关心的问题之一。一家企业有没有效率或效率的高低，直接关系到这家企业的前途。那么，效率的源泉究竟在哪里？这又是可以进一步讨论的。效率来自机制。在有利于效率增长的机制下，人们才会选择投入最少或产出最多的经济增长方式，才会考虑最佳的生产要素组合。机制的背后又是什么？这就涉及人的创造性的调动与发挥了。这是因为，先进的设备是人来操作的，有效的管理模式是人来设计与实施的。假定不调动与发挥人的创造性、积极性，再先进的设备也提供不了高效率，再好的管理模式也会形同虚设。

那就要问，怎样才能调动与发挥人的创造性、积极性？工作纪律、强制性措施、惩罚手段等等，尽管是必要的，但依靠它们未必能把人的创造性、积极性调动起来。奖励，也是必要的，并且有可能激发起人们的积极性，但奖励的作用毕竟有一个限度，奖励不是万能的。当人们的想法发生了变化，或者当人们的收入达到较高水平而物质奖励相形之下只占较少份额时，奖励就不像以往那样起作用了，于是“适应”便取而代之。“适应”是指主体与客体协调一致，使客体感到自己与主体不可分，也使主体感到自己与客体不可分。“适应”意味着人际关系的协调，从而使每一个人从内心迸发出积极性。人际关系的协调是效率的真正源泉，它带来的是效率的持续增长。

由此我们可以了解到一个十分重要的问题：效率具有相应的道德基础。关于效率具有物质基础这一点，经济界一般是公认的。一定的生产资料、一定的技术条件和一定的社会基础设施（如交通运输、通讯、能源供应等）之下，会产生一定的效率。这就是效率的物质基础。什么是效率的道德基础呢？要知道，既然效率增减的原因不仅在于物质条件是否具备，而且在于人际关系是否协调、人的创造性与积极性是否被调动起来、以及企业内部的适应关系是否建立，所以效率的道德基础就在于一个群体的成员对群体的事业与目标的认同，在于群体的凝聚力的形成与发展。企业是一个群体，企业的职工是这个群体的成员。只要这家企业有强大的凝聚力，能把广大职工凝聚在一起，职工把企业的事业、企业的目标视为自己的事业、自己的目标，职工的创造性、积极性就被调动起来了，这就会产生高效率，企业的发展也就顺利了。

有创业精神的企业家必定也是善于调动与发挥职工创造性与积极性，善于铸造企业精神、企业风格，从而形成强大凝聚力的经济活动组织者。从民生公司的历史来看，在20世纪20年代到40年代这段时间内，民生公司办得很有成绩，这与卢作孚先生的管理思想，特别是对人的因素的重视，有直接的关系。他认识到企业必须关心职工的生活与福利，但他认为这还不够，要使得民生公司成为一个有凝聚力的群体，有必要从心理建设着手，即不把人单纯地看作“经济人”，而要把人看作“社会人”，这样，人际关系就协调了，职工同公司之间关系就适应了，效率作为人际关系协调的结果，必然逐步上升。卢作孚先生几十年前提出的这些主张，至今仍值得企业经营管理者学习、借鉴。

四

企业文化建设是当前经济界非常感兴趣的一个既有理论意义、又有实践意义的问题。从经济上看，企业文化是企业的一种文化观念和价值准则，是企业全体职工的一种信念和凝聚力的体现。企业文化对经济起着重要的作用，它有助于协调企业与职工之间的关系、职工彼此之间的关系，以及企业同外部环境之间的关系。在这些关系得以协调的过程中，企业的效率将会提高，企业的形象将会完善，企业的目标与职工个人的目标也就容易实现。因此，建设企业文化与发挥企业文化的积极作用，被认为是建立新型企业的必不可少的一环。

企业文化建设对经济的作用，既不属于市场调节的范围，也不属于政府调节的内容。企业文化建设是道德力量起作用的结果。企业是一个群体，如果企业内部不团结，职工对企业目标不认同，职工相互之间存在着种种摩擦，甚至勾心斗角，那么企业的资源优势将发挥不出来。企业文化建设是通过道德力量的影响，首先使企业成为一个人际关系协调的环境，再加上对企业的职工进行教育，提高他们的素质，加强他们的凝聚力，发挥他们的进取精神，最终达到市场调节与政府调节二者都无法达到的境界：使职工感到自己是企业这个群体的一员，从内心产生为企业奉献、为企业增光的热情，进而使企业的效率不断增长。

市场调节通常被称作“无形之手”，因为市场调节纯粹依靠市场供求机制来调节，从性质上说是一种自发的调节，是市场上无数个交易者的交易行为的结果。政府调节通常被称作“有形之手”，因为政府调节是政府部门通过各种方式对社会经济生活所进行的调节，从性质上说是一种人为的调节，是市场外部的行政力量起作用的结果。企业文化建设既然是道德力量起作用的产物，那么，一方面，它不像市场调节那样不依人的意志为转移，而同人的自觉行动分不开；另一方面，它不像政府调节那样靠外部力量的介入来影响资源配置，而是依靠经济中行为主体自身的行为对资源配置发生影响。因此，企业文化建设实际上介于"有形之手"与"无形之手"之间："道是无形却有形，道是有形又无形"。

当企业文化建设的成果体现于职工自觉遵守的规范或守则时，它似乎比较接近于"有形之手"；而当企业文化建设的成果体现于职工心中的认同感、荣誉感、责任感，从而职工们自觉地尽职、奉献时，它又似乎比较接近于"无形之手"。这正是道德力量起作用的特色。

卢作孚先生创立的民生公司，有理由被认定为20世纪20年代至40年代内企业文化建设卓有成效的一个范例。卢作孚先生是我国近代企业文化建设的最早倡导者之一。本文集中所收入的《民生公司的三个运动》（1933年4月16日）、《社会生活与集团生活》（1934年6月16日）、《民生公司职工为什么要穿公司的制服》（1935年4月1日）、《本公司之职工教育运动》（1935年5月1日）、《一桩事业的几个要求》（1936年10月）等文章，都表明了卢作孚先生对企业文化建设的重视。民生公司之所以在航运界保持良好的信誉，民生公司的职工之所以在艰苦的环境中尽职尽责，为社会做出重大贡献，这都同卢作孚先生一直强调企业文化建设有关。民生公司的企业文化建设给社会所留下的精神财富，我想，随着时间的推移，将会越来越被学术界所认识到。

凌耀伦、熊甫编：《卢作孚文集》，北京大学出版社1999年版

小商品大思路

——《信息导刊·义乌专刊》卷首语

浙江省义乌市的名声，我很早就听说了。人们一提到义乌，对那里的小商品市场都赞不绝口。我是前不久才专程去义乌考察的。使我感兴趣的，不仅是丰富多彩的小商品和组织严密、分工细致的市场，而且是义乌人的独特的发展思路和广阔的视野。我认为，这种思路、这种视野值得我们大家认真思考和学习。的确，义乌已经引起了世界的注意。目前大约有 80 个国家和地区的近 5 万名外商到义乌来采购小商品，常驻义乌的外商多达 5000 人。用经济界的话说，义乌正成长为国际性的小商品采购基地。用当地老百姓的话说，义乌正在赚世界人的钱。这两种说法都对。

义乌的崛起表明义乌发展思路的独特，这就是："小商品大市场"。小商品并不起眼，处处都有，但"小商品大市场"就不一样了。关键在于如何把市场做大，即如何让众多不起眼的小商品拥有一个大市场，使义乌成为世界注意的流通中心。根据我对义乌市的考察，我感到，义乌之所以能实现"小商品大市场"，一是有了服务型的政府，二是有了一大批精明而又有眼光的工商业者，三是有了一个相当完善的市场营销网。三者缺一不可。

服务型的政府的出现，意味着政府职能的重大转变。"小商品大市场”同“小政府大社会”是分不开的。义乌市政府始终把民富放在心上，民不富，心不甘。为了让更多的人富起来，政府认为必须充分发挥市场调节的基础性作用，政府的工作重点则致力于加强市场监督、社会管理和公共服务。这就给小商品生产和营销的发展创造了良好的环境，也为内资外资的继续投入提供了合适的土壤。

有了一大批精明而又有眼光的工商业者，活跃的、敬业的市场主体就涌现出来了。“野无人迹非无路，村有溪流必有桥。”义乌的工商业者、义乌的有市场意识的农民、外地来义乌经营小商品的各种各样的人，他们都有一种敢为天下先的精神。他们勇于探索，勤于总结经验，善于把握时机。他们是义乌奇迹的创造者。没有他们的努力，义乌不可能崛起。

一个完善的营销网，是实现“小商品大市场”的又一个必要条件。在现代市场条件下，生产固然重要，而营销的作用更为明显。仅仅懂得生产，在营销方面却力度不够，小商品只能同小市场相适应。义乌人与众不同的是，他们把营销工作放在首位，他们根据“市场是可以创造出来的”、“开辟一个新市场就是一种创新”的原理，建立了相当完善的营销网，使义乌的经济登上了新台阶。我在这里用了“相当完善”这四个字，表现义乌人在建立营销网的工作中还有大量事情要做。不要自满，不要停步在已有的成绩上，要朝“打造全球最大超市，建设国际购物天堂”的方向一步步走去。

离开义乌，我前往诸暨。在汽车上，我一直在想，义乌的“小商品大市场”，直接提供了多少就业岗位，间接创造的就业机会又有多少？义乌人为社会创造了多少财富？为各级财政增加了多少收入？义乌市内无闲人，从早到晚，只见街头巷尾，人们忙忙碌碌，似乎有做不完的事，干不完的活。这就是所谓的“人气”。人气旺，则百事兴。人气啊人气，但愿全国许多地方能有这样兴旺的人气！全国到处人气旺，那该多好啊！

我们的汽车驶进了诸暨境内。诸暨，不是西施故里吗？近看是清流石道，绿印苔痕；远望是四围山色，十里花香。从义乌到诸暨，不过几十公里路程，我所见到的、想到的，是时代变了，人也变了，义乌远不是昔日的义乌，诸暨也绝非当年的诸暨了。触景生情，我填了一首《浪淘沙》：

浪淘沙

浙江诸暨道中。诸暨，西施故里也

天外挂稀星，
绿水盈盈，
悠悠千载浣纱情，
远近山村如往日，
拂晓鸡鸣。

溪畔草青青，
鱼跃浮萍，
骑车少女岸边行，
想是夜班归去急，
有约长亭。

有人评论说："时代变了，少女的生活方式不同了，这首词与千百年来咏西施故里的诗词风格迥异。"我认为这段评论是中肯的。诸暨在变，义乌在变，整个浙江都在变，而且变化速度之快，往往出乎人们的预料。难道这些不正是经济学家思考和文学家创作的大好题材吗？愿更多的经济学家、更多的文学家，到义乌去，到浙江去，去思考，去发掘，去创作！

（《信息导刊·义乌专刊》，人民日报社新闻信息中心，2004 年）

关于“人”的教育和“爱”的教育，实际上是统一的。这是带有根本意义的思想教育、道德教育。

一位有真知灼见的教育家

——怀念马石江同志

从认识马石江同志到他逝世，整整25年了。他留给我的印象是：光明磊落，襟怀坦荡，平易近人。

我们的缘分可以从1976年唐山大地震谈起。那时，我住在北京大学蔚秀园16公寓402室，马石江同志住在405室，正是我顶上那一套，都是两居室，50多平方米的建筑面积。他刚调入北京大学不久，就做了我的邻居。他年龄比我大几岁，我们知道他是抗日战争初期参加革命的老干部，长期在团中央、中央团校工作。平时见了面，客客气气，打个招呼。他态度和蔼，没有丝毫架子。是什么机会使我们熟悉起来的呢？是唐山大地震之后，蔚秀园内的北大教职工纷纷搭抗震棚的那些天。

唐山大地震使北京市的居民惊慌不已。大家都不敢在家里住了。怎么办？好在那时北京大学蔚秀园内只有少数几幢宿舍楼，空地很多，于是马石江和我，还有几位邻居一起在蔚秀园内的空地上选择盖抗震棚的地点，地址选好后，大家一起挖地沟、找木料、买油毡，动手干起来了。当时正是7月底、8月初，气候炎热，干活时汗如雨下。在我们这几户中，马石江同志年纪最大，地位又最高，虽然50岁出头了，但比起年轻人来，干活毫不逊色。在干活的过程中，大家有时也聊聊天，无非是国内的政治经济形势令人担心，学生不上课，整天开会批邓、反击右倾翻案风，教师之间则清查谣言的来源，工宣队、军宣队督阵，要大家相互揭发等等。因此，即使是闲聊天，大家都小心谨慎，说话时总免不了带点悲观情绪。马石江同志跟大家一起干活，一起聊天，但似乎比大家乐观得多。他常说：客观规律谁也不能改变，凡事都要看远些，站得高些。他的意思我是听懂了的，大概由于在场的人比较多，他不便直说而已。有时，只剩我和他两人在场时，或者干完活，我们两人一起回到家里时，在路上，交谈得就深入多了。他对当前的经济状况虽然不多谈，但却问我："你是学经济的，你说经济怎样才能好转?"我说："恐怕谁也找不到什么好办法，看来只有拖下去再说了。"他说："能拖多久?"我回答不出来。他笑了，接着说："看来是拖不久的，总会改变，我们都盼望快一点变，否则老百姓太苦了。"言谈之中，他从1976年国内一连串事件中仿佛已经察觉到，该是峰回路转的时候了。

唐山大地震之后才两个多月，果然形势发生了巨大的变化。那时我在北京大学大兴分校劳动。粉碎"四人帮"时，我正在大兴农村，11月初才回校，从这时起，同马石江同志接触的机会比过去多了。晚饭后在门前散步时，我们一起交换对政治形势的看法，大家关心的焦点是邓小平同志什么时候复出，"四五"事件什么时候平反，国内的重大政策将会有哪些调整、改变。他总是说："人心向背是关键，我看快了。"他还说："你是搞学问的，会派上用场的，有发挥自己才能的机会。"从1977年夏天起，他越来越忙，校内校外事情多，时常见不到他，只能在门前碰见他的女儿马燕，问她："你爸呢?"她说："忙着呐，经常不在家。”我想，马石江同志从闲到忙，表明是一件好事，因为他的任务越来越重了，越来越有机会参与拨乱反正的工作了。我真为他高兴。

80年代初，马石江同志担任北京大学党委副书记，在工作中同我的接触比较多，对学生们的思想情绪也有较深刻的了解。我经常听到学生反映，说马石江作风朴实，实事求是，关心学生的健康成长，处处总为学生的前途着想。那几年，学生的思想很活跃，常对改革开放的形势与走向发表看法，有些看法同国情不大符合，容易导致别人的误解。马石江同志善于从正面引导学生，讲道理，使学生们心服口服，一些学生从此成为马石江同志的好朋友。据我了解，这在77级、78级、79级学生中是有口皆碑的。马石江同志知道我正在从事经济改革问题的研究，所以找我和另外一些教师细谈，要我们晚上多为学生们举办讲座。讲座是自愿参加的，主讲人讲完后留出一段时间让学生们提问题，再逐个回答，如果有的问题回答不了，那就老老实实告诉学生，说这个问题需要再作进一步探讨，这样，学生们是会谅解的。在80年代初，每个学期我都要为学生们开设好几次讲座，内容广泛，包括经济学的发展趋势、国内经济改革的进展、学习方法等等。马石江同志有时也来听讲座，并找我们这些教师询问学生的情绪。他更多的是直接收集学生们的反映，认为第二课堂应当成为北京大学的一大特色。虽然距今已有20年了，但当时这些讲座的热烈场面，仍然深深地留在我们的脑海里。马石江同志为北京大学在改革开放初期的良好学术气氛的形成，是费了不少心思的。

稍后，马石江同志因工作需要，调离了北京大学，到中共中央党史研究室工作，但我和他之间一直保持着联系。他离开了北京大学，却依然关心着北京大学的教师和学生。

1983年7月，我有机会同马石江同志一起到上海进行调研，主题是上海经济如何才能较快地发展，并在改革开放中发挥越来越重要的作用。在上海呆了半个月，我们朝夕相处。白天，出席座谈会，听取上海各界的意见，晚上进行讨论，分析所收集到的材料，有时到工厂、港口参观。这半个月的时间内，我从马石江同志那里学习到不少东西。尽管我是学习经济学的，并长期从事经济理论研究工作，但我感到马石江对中国经济的实际状况以及计划经济体制下经济的症结何在，却比我了解得多。他的实事求是的学风在撰写与修改调研报告时充分表现出来。这时，改革开放才刚刚起步，市场供应虽然比前几年有所好转，但短缺依然是摆在面前的一大问题。城市居民在住房方面还相当困难，上海尤其如此。有一次，我同马石江走街串巷，看到市区不少居民仍为住房问题发愁，为下乡返城的子女就业发愁，为城内交通拥挤发愁，马石江同志感慨地说："欠账太多，百废待兴，只有加快改革、加快发展，才有出路。上海过去的底子那么好，都被耽误了。"

通过调研，马石江同志和我得出了一个看法：上海是有潜力的，关键在于解放思想，进行体制改革。那几年在讨论改革中常见的词是"松绑"。马石江同志说，不"松绑"，什么潜力也发挥不出来。他举例说：安徽凤阳，农民"松绑"了，土地一承包，粮食不就多了吗？花生米、鸡蛋、香油，不就源源不断地上市了吗？农村、城市都是一个道理，非"松绑"不可。我说：我虽然生在南京，但从小在上海长大，在上海读完小学，又念初中，我印象中的上海是个金融中心，而不仅仅是商业中心，所以要发展上海经济，必须发展金融业，融资渠道拓宽了，工业自然就会发展，技术进步也挡不住了。马石江很同意我的看法，认为能否振兴上海经济，要看上海的金融业的发展状况。

从上海调研回到北京以后，我除了在北京大学任课和带研究生之外，还担负着一些科研任务，教育经济学是我研究的课题之一。马石江同志从事教育工作多年，担任过教育行政领导职务。所以在研究教育经济学时，我不断向他请教。按照马石江的看法，教育的宗旨是提高国民素质，国民素质提高了，科学技术才能扎扎实实地发展起来。他有一次问我：“你教了这么多年书，你想过没有，为什么有些学生考试成绩很好，但能力却很差?”我说：“这大概就是人们常说的‘高分低能’吧，这样的学生每个年级都有。”马石江深有感触地说：入学考试制度有问题，谁死记硬背，谁就有本事考进大学，所以中学生一心一意应付考试。今天回想起来，马石江同志所讲的多么符合当时的教育实际。这些年，应试教育把学生害苦了，把中学教师也害苦了，结果，大学教师也难以切实提高教学质量。不仅如此，国家教育投资的效益大大受到影响，本来比较有限的教育经费得不到更好的使用，毕业生的质量不能迅速提高。

经验表明，在大学生中的确涌现了一大批有用之才。但仔细分析一下就会发现，其中不少人正是突破了应试教育的框框而成长起来的。马石江曾问过我：“你看，同班同学的质量居然相差这么大，有的非常优秀，有的普普通通，有的实在不行，怎么搞的?”我接着说：“入学考试成绩差别不大吧!”他说：“那是毫无疑问的，不上一定的分数线，怎能考进北大?所以入学分数高低，说明不了能力大小和发展前景。”我对马石江同志的分析，十分赞同。根据我自己的教学经验，一个大学生在入学后，能够越早摆脱高中时代所习惯的那一套学习方法，就越有可能掌握真正有用的知识，增加自己的能力，以后也就越有可能成为社会所需要的优秀人才。我常想，马石江同志后来离开了教育战线，从事党史研究了，如果他继续留在学校中工作，或者他能把自己多年来关于教育问题的看法与心得体会撰写成书，肯定是很有价值的。

马石江同志不幸于2001年因病去世，享年76岁。为了纪念相交25年的好友马石江同志，我写下了这篇回忆文章。并用了这样一个标题：有真知灼见的教育家。我想，熟悉马石江同志的人，是会同意我的评价的。

《用火写在天空的生命——纪念马石江同志文集》，中共党史出版社2002年版

回忆与张学书同志的一次交谈

学书同志虽然自上世纪50年代后期就调到北京大学工作，但我们接触很少。到了“文化大革命”中，在一同被关押在红湖西边的监改大院时，我们才有比较多的接触，如一起劳动，一起啃窝头，一起背语录，一起躺在水泥地上休息，在同一个房间里打地铺睡觉，时间长达半年左右。在监改大院中，监管人员为了防止被关押的“牛鬼蛇神”串联，作了严格的规定，不准交头接耳，窃窃私语，不准互递纸条，传送信息，因此我们没有机会交谈。“四人帮”被粉碎以后，学书同志重新担任了学校领导职务（党委副书记、副校长），从这时起，我们许多次在各种会议上一起讨论，交流看法，彼此进一步增进了了解。

但给我印象最深的不是会议上的讨论和交流，而是一次非正式的、事先双方都毫无准备的谈话。时间是在1983年春天，地点是在北大校医院的针灸室里。这真是一次难忘的交谈。

1983年春天，我因腿部关节不适，经诊断有一块囊肿，到校医院针灸室治疗，在那里碰上了学书同志，他因腰部剧痛，也在那里治疗。我们都需要针灸一个疗程，大约4～6周，每周3次，都排在上午。一开始几次，我们只是简单地聊聊天，寒暄一下，房间里还有其他病人，不便多谈。有一次，好像是阴雨天，来针灸的病人只有我们两人，而且床挨着床，大夫把银针插上后，就先去忙别的事了，学书同志和我并排躺着，话题开了头，似乎是从回忆“文革”中的遭遇开始的。学书同志的腰痛就是那个年代留下的顽症，一直治不好。他说自己从小参加革命，当初怎么也想不到全国解放十几年以后会碰上这样一场劫难，以至于留下了许多病，腰痛只是其中的一项。他说，不止他一个人如此，许多早年参加革命的老同志在“文革”中都有类似的遭遇，他们在弯腰挨斗和超负荷的长期劳动中身体受到摧残，都得了病，有的还成为残疾人，同他们比起来，自己的腰痛还算是轻的。

说着说着，他问我，对“文革”前十七年的高等教育，该怎么看？我不隐瞒自己的观点，我说，“文革”前十七年的高等教育是有成绩的，目前在各条建设战线上担任骨干的人主要都是“文革”前十七年培养出来的。如果同“文革”时期相比，“文革”前十七年的成绩就更显著了，因为到了“文革”，大学都已停办。至于同改革开放这几年相比，那么“文革”前十七年高等教育暴露出不少问题，如1952年的院系调整、生搬硬套地学习苏联、缺乏学术方面的自由讨论等等。他认为我刚才表述的这些观点并不错，但有一个问题没有涉及，这就是：“文革”前的大学，特别是60年代的大学，怎么会培养出一批搞“打砸抢”的“红卫兵”，而且有些还是以打人、虐待人、折磨人为乐事的“红卫兵”呢？他感慨地说，我们小时参加革命，整天都唱“三大纪律八项注意”，连俘虏都不能虐待，何况所虐待的是革命同志、甚至还是老同志呢？在反思“文革”前十七年的高等教育时，不能不想想这个问题。我说：是不是“文革”前十七年的教育（其实不止是高等教育，还包括中小学教育，甚至幼儿教育），灌输的全是阶级仇恨之类的思想。正因为“红卫兵”自认为整的是“牛鬼蛇神”，是“敌人”，当然就下手这么狠，这么无情。学书同志说：还没有弄清楚被斗争的人是不是真的是敌人，就用对待敌人的办法去整他们，这就不对。即使对抓来的敌人，也要讲政策，怎么能一上来就拳打脚踢、皮鞭乱抽？我们当初在革命队伍中从来不准这样做，乱打，乱砸，乱抢，鬼子进村才这样干。

学书同志这番话实际上代表了他从另一个角度对“文革”前十七年高等教育不足之处的看法。我觉得他谈得十分深刻。这时，病人陆续来了，针灸大夫也回来替我们把身上的银针拔出来。我比学书同志先离开校医院，因为他还要去拿药。

学书已经离我们而去。在怀念学书同志时，我重新思考了我们在校医院里的这次交谈。我觉得，当时学书同志在交谈中似乎对“文革”前十七年的教育提出了一个值得深思的问题：这十七年的教育缺少些什么？他并没有回答这个问题，我也没有加以回答。要知道，这是1983年的事情，距今天整整20年了。1983年的环境，1983年时我对一些问题的认识，就是这样。我不必把今天的认识加到1983年的自己身上。一个人的认识总要受到客观和主观两方面的限制，这是正常的。今天，在相距1983年整整20年以后，我想借这次撰写怀念学书同志的文章的机会，试图回答当年我们在交谈中已经涉及的问题：“文革”前十七年的教育缺少些什么？缺少的是关于“人”的教育、“爱”的教育。关于“人”的教育是指，应当让受教育者从小就懂得，人是最宝贵的，要尊重人，关心人，爱护人的生命，珍视人的权利，始终把提高人的生活质量和维护人的根本利益放在首位。关于“爱”的教育是指，应当让受教育者从小就懂得，人人要有爱心，要关心周围的人，互助互信互爱结合在一起，不可分割；世上缺少了爱，一切就变得冷漠，人间就没有亲情温暖，人生也就没有意义。关于“人”的教育和“爱”的教育，实际上是统一的。这是带有根本意义的思想教育、道德教育。“文革”中那些“红卫兵”，包括十多岁的孩子，之所以会干出种种不可思议的错事、坏事，难道不正同“文革”前十七年的教育中缺少关于“人”的教育和“爱”的教育有关吗？

“文革”中发生过的这一切，已经成为历史。历史的经验教训却是值得我们共同总结的。学书同志已于 2002 年逝世，享年 78 岁。在怀念学书同志时，我记下了 20 年前同他的那一次难忘的交谈，并引发了我的上述议论，但愿这些都不是多余的话。

《张学书同志纪念文集》，北京大学出版社 2004 年版

富有创见的经济思想家
——董辅礽教授

董辅礽教授不幸离我们而去。我们不仅失去了一位相知多年的老友，而且也失去了不时以新思想启迪我们的大师。从年龄上说，董辅礽教授只大我三岁，而从对中国经济改革的认识来说，他却是我们这个队伍中的先行者。他许多年前就已提出的所有制改革的创见，至今仍然使我们深受启发。他是当今中国经济学界的大师级人物。称他是富有创见的经济思想家，我想，经济学界中谁也不会有什么异议。

董辅礽教授在中国经济改革中的最大贡献，是独立地提出了所有制改革理论。早在1979年，他就率先提出改革国家所有制的设想，认为国家所有制之下，企业不能像独立的商品生产者和经营者那样自主经营，政府和企业之间关系极不正常，这正是阻碍经济正常运行的主要障碍，体制改革必须从这里开始。要知道，在1979年提出这样的设想，需要有多大的勇气！今天回想起来，这25年的改革不就是循着这样一条道路一步步走过来的吗？

董辅礽教授知识渊博，涉及的研究领域很广，包括资本市场理论、资源配置理论、经济增长理论、收入分配理论、期货理论、可持续发展理论等等。而最重要的、也是他费力最多的，仍然是所有制改革理论。归结起来，他在所有制理论中的创见主要反映于以下三方面：

一、公有制实现形式的多样化

董辅礽教授指出，那种认为公有制只有全民（国家）所有制和集体所有制两种形式的理论是从苏联教科书中搬过来的。中国改革的实践已经充分说明公有制实现形式是可以多样化的。董辅礽教授就这个问题提出了如下的看法：一定要为公有制的多种形式正名。

他的核心观点是：以前的全民（国家）所有制和集体所有制可以称为“共同所有制”，“这种公有制的特点是，一个单位（国家、企业、社区、团体等）的财产是这个单位的成员的共同财产，而这些成员却不是共同财产的某个特定份额的所有者”。①现在除“共同所有制”之外，还出现了另一种公有制。董辅礽教授写道：“我称之为公众所有制。公众所有制不同于共同所有制，它是指一个单位（企业、社区、团体等）是这个单位的成员的共同财产，同时每个成员又是共同财产的特定份额的所有者”②那么，究竟有哪些企业属于“公众所有制”企业呢？他指出：“除了合作社所有制外，公众所有制还有其他的实现形式。公众持股的股份有限公司、养老基金、投资基金等都是公众所有

①② 董辅礽：《所有制与经济发展》，载董辅礽、厉以宁主编：《中国经济与21世纪对话》，广东经济出版社1998年版，第5、6页。

制的实现形式”① 对于当时已有争议的公众持股的股份有限公司的性质，董辅礽教授认为，“确实，在股份有限公司发展的早期阶段，在公司的股权中，一些家族股东和其他私人股东曾在公司中占有相当大的股份，具有绝对控股的地位，但尽管如此，毕竟有一些社会公众持有一定数量的股份，从而使公司的所有制具有了一些公众性，以后随着生产社会化程度的提高，证券市场的发展，越来越多的公众参与了股票的投资，更有养老基金、投资基金作为实力强大的机构投资者，这样，股份有限公司的股权越来越公众化了，股份有限公司也逐渐演变成为公众所有制”。②应当指出，这是一个非常有远见的观点，它告诉人们，要随着经济发展的进程来看待公有制新的实现形式。如果不是动态地考察公有制形式的问题，就会被成见所束缚住。

二、国有企业的功能随着体制的转换而改变

国有企业通过资产重组、上市或转让等多种途径来进行改革。在国有企业改革过程中，有一种看法是：在社会主义经济中，国有企业的最大功能是保证指令性计划的完成和超额完成，保证社会资源能够集中于中央政府以便通过制定指令性计划来配置，因此，一旦国有企业进行了改革（无论是通过资产重组方式来实现还是通过上市或转让方式），国有企业还会保持原来的功能吗？③ 可以设想，这种看法在相当大的程度上阻碍了国有企业的真正意义上的改革。

---

①② 董辅礽：《所有制与经济发展》，载董辅礽、厉以宁主编：《中国经济与21世纪对话》，广东经济出版社1998年版，第7页。

③ 董辅礽：《按照社会主义市场经济的要求改革国有企业》，载董辅礽、厉以宁、韩志国主编：《国有企业：你的路在何方？》，经济科学出版社1997年版，第9页。

董辅礽教授指出，正由于我国的经济体制要从社会主义体制转变为市场经济体制，所以国有企业的改革是谁也阻挡不了的。而国有企业原来的功能将被新的功能所代替，这同样是必然的趋势。他写道："在计划经济迅速退出历史舞台、社会主义市场经济迅速形成和发展的情况下，如果仍以计划经济中国有企业所发挥的功能来看待国有企业，那就会使国有企业的改革误入歧途，或者寻找不到正确的途径"。[①] 在他看来，在社会主义市场经济中，某些部门仍将保留或兴办一些国有的或国家控股的企业，但这些企业的功能已经不同于计划经济体制下国有企业的功能了。它们在市场经济体制下的功能可以从促进社会公平与市场效率的结合上来确定。具体地说，这种功能在于：

1. 保证政府对市场的调节更有成效；

2. 不以盈利为目的，而以向人民提供优良的服务和产品、满足人们的需要为目的；

3. 有助于提高市场经济的整体效率，有助于国民经济的协调发展；

4. 有助于提高国民经济的长远效率；

5. 保证国家和社会安全；

6. 为避免损害消费者的利益，对自然垄断部门进行经营。[②]

董辅礽教授认为，"要通过对国有企业的改革使国有企业能够在使社会公平与市场效率的妥善结合中发挥其应有的甚至特有的功能"。[③]他的这些论断对我们有极大的启发性。

---

①②③ 董辅礽：《按照社会主义市场经济的要求改革国有企业》，载董辅礽、厉以宁、韩志国主编：《国有企业：你的路在何方?》，经济科学出版社 1997 年版，第 9、10、11 页。

后　记

2004年是邓小平同志诞辰100周年。为了纪念这位世纪伟人，我选了两张照片放在本书的前面。一张是我和妻子何玉春在河北涉县129师司令部旧址邓小平宿办室门前的留影，另一张是我为铜铸"邓公鼎"的题词："是谁再激南湖水？今日春风惠九州"。

我把帮助山区农民脱贫致富作为自己近年来的研究重点之一。放在本书前面的另外两张照片，一张是20世纪90年代中期到山东沂蒙地区贫困农民家庭访问时所摄，另一张是2004年5月北京大学光华管理学院、天津经济技术开发区（泰达）共同帮助贵州毕节地区进行领导干部培训的项目签字仪式。这一项目启动后，毕节地区和所辖各县的领导干部将分期分批来北京大学光华管理学院学习并到天津经济技术开发区实习。

在这本经济评论集交稿之际，我衷心感谢以下这些同志的帮助，他们是：

全国人大财经委员会的朱少平、蔡概还，

全国政协经济委员会的邓宗良、刘冠峰、沙志强，

国家发展与改革委员会的刘健钧，

北京大学经济学院的何小锋，

北京大学光华管理学院的朱善利、何志毅、黄慧馨，

经济科学出版社的金梅、齐伟娜。

2004年10月20日
于北京大学光华管理学院

图书在版编目（CIP）数据

厉以宁经济评论集 / 厉以宁著 . —北京：经济科学出版社，2004. 12

ISBN 7 - 5058 - 4601 - 9

Ⅰ. 厉… Ⅱ. 厉… Ⅲ. 经济学 - 文集 Ⅳ. F0 - 53

中国版本图书馆 CIP 数据核字（2004）第 125337 号

出版策划：求真工作室
责任编辑：金 梅 齐伟娜
责任校对：徐领弟
版式设计：代小卫
技术编辑：董永亭

厉以宁经济评论集

经济科学出版社出版、发行 新华书店经销
社址：北京海淀区阜成路甲 28 号 邮编：100036
总编室电话：88191217 发行部电话：88191540
网址：www. esp. com. cn
电子邮件：esp@ esp. com. cn
北京中科印刷有限公司印刷
河北三佳集团装订厂装订
880 × 1230 32 开 10 印张 200000 字
2005 年 1 月第 1 版 2005 年 1 月第 1 次印刷
印数：00001—10000 册
ISBN 7-5058-4601-9/F · 3873 定价：23. 00 元
（图书出现印装问题，本社负责调换）

三、社会正走向有产阶级化

在有关私营经济发展方面，董辅礽教授同样提出了不少新思想。20 世纪 90 年代以后，他多次到浙江考察，他对私营经济的观点是在实地调查和理论研究的基础上逐步形成的。

为什么要发展私营经济？经济学界有些人论述道，发展私营经济是出于生产力水平还比较低的考虑，或者说，由于我国生产力水平较低，尚处于社会主义初级阶段，所以有必要发展私营经济。董辅礽教授则认为，这种说法并没有透彻阐明我国发展私营经济的原因。他问道："如果认为允许私营经济的存在和发展是由于我国的生产力落后，或者说，由于我国现在正处于社会主义初级阶段，那就是说，等到将来生产力提高了，等到社会主义初级阶段过去了，我们就要重新公有化了。逻辑上一定是这样的"。① 董辅礽教授由此提出了发展私营经济的基本依据——发展市场经济的要求。他论证道：生产力水平越高，社会目标和需求就越来越多样化，计划经济体制适应不了这样的变化，而只有市场经济才能同这样的变化相适应。"而要发展市场经济，就必须发展私营经济，因为没有私营经济就不会有市场经济"。②换言之，即使将来我国越过了社会主义初级阶段，生产力水平较高了，那时，"同样要由市场经济来配置资源，……我们同样要有私营经济"。③

接着，董辅礽教授所探讨的一个与此密切相关的问题是：私营经济向何处去？于是又回到本文一开始就涉及的公有制实现形式多样化这一命题之上。公众所有制，也就是包括公众持股的股

①②③ 董辅礽：《对发展私营经济的几点看法》，载《经济导刊》2003 年第 3 期，第 6、7 页。

份有限公司在内的另一种公有制，将是私营企业的发展前景之一。他指出："公众所有制完全不同于过去的私有制，它是对私有制的一种'扬弃'，扬弃不是全盘否定，否定中有肯定，就是说，它已经不是原来的私有制了，但是同时它又得保留私有制，这就叫扬弃"。①

董辅礽教授进而阐明了自己对社会主义市场经济发展前景的看法。他认为，越来越多的人们拥有金融资产，以及越来越多的金融资产被公众所拥有，这已经成为生活的事实。这表明，"整个社会在走向有产阶级化"。②

那么，收入差距是不是继续存在呢？董辅礽教授的回答是肯定的。但他认为收入分配问题可以通过政府调节来缓解。社会人口的分布将是两头小，中间大。因此，他的结论是："这个发展是符合社会发展规律的，这样，生产力越来越发展，生产越来越社会化，财产的占有越来越公众化，整个社会不是走向无产阶级化而是走向有产阶级化"。③正如今天来回顾25年前董辅礽教授提出"所有制改革"时的论述，我们会感到他那时是多么有远见一样，我们相信，再过若干年（肯定用不了25年），当我们再回顾董辅礽教授关于"社会正走向有产阶级化"的论述时，同样会感到他又一次是多么有远见！

2004年8月29日在首都经济学界纪念董辅
初教授的学术研讨会上与刘鸿儒教授的联合发言

---

①②③ 董辅礽：《对发展私营经济的几点看法》，载《经济导刊》2003年第3期，第8页。